U0191827

数学文化览胜集

人物篇

李国伟

中国教育出版传媒集团
高等教育出版社·北京

前言

“文化”这个字眼似乎人人都懂，但是谁也解释不清。连百度百科都说：“给文化下一个准确或精确的定义，的确是一件非常困难的事情。对文化这个概念的解读，人类也一直众说不一。”虽然作为数学家，专业上应该讲究搞清楚定义，但是对于“数学文化”里的“文化”该如何定义，我就给自己一点可以放肆的模糊空间吧！

其实定义也不过是要给概念画条边界，然而即使边界画不明确，依旧能够大体掌握疆域里主要的山川风貌。说起“文化”少不了核心主角“人”，因为人的活动产生了文化的果实。再者，“文化”不会只包含物质层面的迹证，必然在精神层面有所彰显。最后，“文化”难以回避价值的选择，“好”与“坏”的尺度也许并非绝对，但是对于事物以及行为的品评总有一番取舍。

伽利略在其著作《试金者》(*Il Saggiatore*)中，曾经说过一段历久弥新的名言："自然哲学写在宏伟的宇宙之书里，总是打开着让我们审视。然而若非先学会读懂书中的语言，以及解释其中的符号，是不可能理解这本书的。此书用数学的语言所写，使用的符号包括三角形、圆以及其他几何图形。倘若不借助这些，则人类不得识一字，就会像游荡于暗黑迷宫之中。"虽然宇宙的大书是用数学的语言来表述的，但是人类学习它的词汇却历经艰辛。数学令人动容的地方，不仅是教科书里那些三角形、圆形和其他几何图形各种出人意表的客观性质，还有那些教科书里没有余裕篇幅来讲述的人间事迹。那里不仅包含个体从事数学探秘的悲、欢、离、合，也描绘了数学新知因社会需求而生，又促进了历史巨轮的滚动。数学这门少说有三千多年历史的学问，是人类精神文明的最高层次产品，不可能靠设计难题把人整得七荤八素而长存。一出人间历史乐剧中，数学绝对是让它动听的重要旋律。

因此，谈论数学文化先要讲好关于人的故事。在这套《数学文化览胜集》里，我将从四个方面观察数学、人文、社会之间的互动胜景。我把文章划分为四类：人物篇、历史篇、艺数篇、教育篇。

我喜欢《人物篇》里各章的主角，因为他们都曾经在当时数学主流之外，蹚出一条清溪，有的日后甚至拓展开恢宏的水域。我喜欢历史上这类辩证的发展，让独行者的声音能不绝于耳，好似美国文学家梭罗（Henry Thoreau，1817—1862）在《瓦尔登湖》（*Walden; or, Life in the Woods*）中所说："一个人没跟上同伴的脚步，也许正因为他听到另外的鼓点声。"[1]这种个人偏好当然也影响了价值取向，我以为在数学的国境内，不应该有绝对的霸主。一些不起眼的题材，都有可能成为日后重要领域的开端。正如美国诗人弗罗斯特（Robert Frost，1874—1963）的著名诗作《未选择的路》（*The Road Not Taken*）所描述：[2]

林中分出两条路
我选择人迹稀少的那条
因而产生了莫大差别

如果数学的天下只有一条康庄大道，就不会有今日曲径通幽繁花鼎盛的灿烂面貌，我们应该不时回顾并感念那些紧随内心呼唤而另辟蹊径的秀异人物。

延续《人物篇》所选择的视角，在《历史篇》中尝试观察的知识现象，也多有不为主流数学史所留意的题材。其实

1 If a man does not keep pace with his companions, perhaps it is because he hears a different drummer.

2 Two roads diverged in a wood, and I —
I took the one less traveled by
And that has made all the difference.

历史发生的就发生了，没发生的就没发生，像所谓的“李约瑟难题”，即近代科学为什么没有在中国产生这类问题，不敢期望会取得终极答案。历史的进程是极度复杂的，从太多难以分辨的影响因素中，厘清一条因果明晰的关系链条，这种企图对我来说没有什么吸引力。我只想从涉猎数学史的过程里寻觅一些乐趣，感受那种在前人到过的山川原野上采撷到被忽视的奇花异草的欣喜。

第三篇的主轴是“艺数”。“艺数”是近年来台湾数学科普界所新造的名词，它的范围至少包含以下三类：(1) 以艺术手法展示数学内容；(2) 受数学思想或成果启发的艺术；(3) 数学家创作的艺术。数学与艺术互动最深刻的史实，莫过于欧洲文艺复兴时期从绘画发展出透视法，阿尔贝蒂(Leon Battista Alberti，1404—1472)的名著《论绘画》(*De Pictura*)开宗明义：“我首先要从数学家那里撷取我的主题所需的材料。”这种技法日后促成数学家建立了射影几何学，终成为19世纪数学的主流。以往很多抽象的数学概念，数学家只能在脑中想象，很难传达给外行人体会。但是自从计算机带来的革命性进步，数学的抽象建构也得以用艺术的手法呈现出来。第三篇的诸章有心向读者介绍“艺数”这种跨接艺术与数学的领域，也让大家了解在台湾所开展的推广活动。

第四篇涉及教育方面的观点与意见。此处“教育”涵盖的范围取宽松的解释，从强调小学数学教育的重要到研究领域的评估，由事关学校的正规教育到涉及社会的普及教育，虽然看似有些散漫芜杂，但是贯穿我的观点的基调，仍然是伸张主流之外的声音，维护多元发展的氛围。

本套书若干篇章是改写自我在台湾发表过的文章。有些史实不时会提到，行文难免略有重叠之处，然而也因此使得各章可独立品味。只要对数学与数学家的世界感觉好奇的人，都可以成为本书的读者，并无特定的阅读门槛。这是我在大陆出版的第一套书，行文用词习惯恐有不尽相同之处。另外，个人学养有限，眼界或有不足，都需读者多包涵并请指正。

李国伟

写于面山见水书房

2021年5月

形象由淡入浓的图灵

一、动心寻索

对于科学史上心仪的大师，除了冷静学习他们留给人间的智慧财富外，我们往往还会怀抱着温热的心去探索他们的生命处境。在开始学习图灵(Alan Turing, 1912—1954)的开创性理论多年之后，我才逐渐认识他那富有传奇色彩的一生，见证了他的形象由淡入浓的历程。

1964年夏天，数学大师陈省身来台湾讲学，做过一场介绍最新数学重要进展的科普演讲。我当时还在高中就读，怀着好奇的心情去听讲。印象很深刻的是听到在哥德尔(Kurt Gödel, 1906—1978)证明"选择公设"和"连续统假设"与公理化集合论不矛盾之后，科恩(Paul J. Cohen, 1934—2007)最终证明它们其实独立于公理化集合论。高中学生当然无法理解这类工作的意义，可是那些听起来神秘兮兮的专有名词，多么异于平日课本里的数学，又多么引动人的玄想。从陈大师的演讲中我得知数理逻辑在数学基础的研究上有这么精彩深刻的作用，这也激发了我学习的兴趣。大四时我自学一本讲理论自动机（automata）的书，才开始接触到所谓的图灵机（Turing machine），这是我对“图灵”这个名字的最早记忆。1971年，我留学美国杜克（Duke）大学攻读数理逻辑博士学位，自然增多对于图灵学术成就的认识，不过当时图灵仍然被哥德尔的巨大身影所遮蔽。

图灵的人生故事特别能吸引我，可能有以下一些因素：

在进入大学就读之前，图灵自小的学习成绩并不算突出，好像没有显现天才早慧的征兆。但是剑桥的环境促使他快速增长了数学的成熟度，并且在相对冷门的数理逻辑领域里，钻研不久之后他就获得出人意表的突破。图灵不在意世俗观念的评价，是具有高度原创力的自由灵魂。

即使是专业数学家，通常也会感觉数理逻辑研究的题材非常抽象。图灵除了在如此不食人间烟火的天地里驰骋，也会“走入凡尘”动手做化学实验、组装电机设备、编写计算机程序、参与战时的国防研究。剑桥另一位大数学家哈代（Godfrey Harold Hardy，1877—1947）可拿来做对比，他只醉心于纯粹数学，以研究成果没有实用价值而自豪，并且妄议应用数学是丑陋的数学。图灵不曾有过这种傲慢的心态，他提供了更健康而全面看待数学的榜样，值得后人效法。

图灵探讨计算本质的成就，肯定会永垂不朽。他分析这种深刻问题的出发点，却是朴素地检视个人的行为，使得他的计算模式不仅具有超强的想象空间，更为心智运作提供了可操作的思想工具。他的学术发展轨迹非常耐人寻味，而他的人生终局更让人感叹，因此促进了超越科学界的人道关怀。

二、苍白少年

1912年6月23日图灵诞生于伦敦，当时他父亲在英属印度任公务员，而母亲也出身于居住在印度的英国中上层家庭。因此图灵在14岁之前跟哥哥都寄养在一些英国本土家庭，直到父亲从印度退休返乡为止。这种比较缺乏亲情的成长环境可能对图灵的性格造成了某些负面的影响。

图灵在学校里表现平平，只喜欢课外做简单的化学实验。后来图灵勉强挤进一所培养精英分子的“公立学校”(public school)，在16岁时他认识了学长牟康(Christopher Morcom，1911—1930)。他深受牟康的吸引，这也刺激了他发展沟通与竞争的技能。但是1930年2月牟康突然不幸过世，图灵非常受打击，有三年时间他写信给牟康的母亲，说他常常思考人的心灵，特别像牟康的心灵，如何能嵌入肉身？死后是不是能从物质中脱离开来？这场痛心的经历，或许促成他日后动念研究机器能否思考的问题。

1931年图灵进入剑桥大学国王学院就读，次年他学习了冯·诺伊曼（John von Neumann，1903—1957）研究量子力学逻辑基础的新书，这使他逐渐学会严格思维的求知方式。然而也就是在国王学院的环境里，他的同性恋倾向日渐明显，这对他后期的人生产生重大的影响。

三、可判定性问题

1928年希尔伯特（David Hilbert，1862—1943）在国际数学家大会上再次呼吁数学家研究数学的基础。他特别指出三类值得探讨的问题：

（1）数学是不是完备的（complete）？完备性即对于每一条数学的命题而言，或者可以证明此命题为真，或者可以证明其否定命题为真。

（2）数学是不是自洽的（self-consistent）？自洽性即不可能依照逻辑的步骤推导出某个命题以及它的否定命题。

（3）数学是不是可判定的（decidable）？可判定性即有

一套明确的方法，将它运用于任何给定的命题，就会在有限步骤内回答出该命题是否为真。

希尔伯特充满信心地认为这些问题都可以得到肯定的答案。1900年，在巴黎举行的国际数学家大会上，他曾经宣布过23条还没有解决的重要问题，他说："每个明确的数学问题必然能有明确的解答……在数学里没有绝不可知的地方(ignorabimus)。"但是到1931年，年轻的哥德尔证明了令人惊异的结果：

(1) 对于明确建构起来的形式化算术理论系统而言，如果这个系统是自洽的，则它不可能是完备的。也就是说存在真的命题，它本身以及它的否定命题，都不能在此系统里得到形式证明。

(2) 系统的自洽性无法在此系统中得到证明，也就是说必须引进比这个系统更强的论证方法，才有可能证明它的自洽性。

这两项结论构成哥德尔著名的"不完备性定理"，而渴求解决希尔伯特前两个问题的希望也就此幻灭。

1933年，图灵自学怀特海(Alfred N. Whitehead, 1861—1947)与罗素(Bertrand Russell, 1872—1970)的巨作《数学原理》(*Principia Mathematica*)，开始进军数理逻辑领域。怀特海与罗素准备为数学的真理寻求一个严谨的基础，而逻辑正是他们用来达成目标的利器。虽然他们做出开创性的贡献，但是逻辑的形式体系到底要如何承载数学的真理，并没有得到满意的解决。1935年春天，图灵去听纽曼（Max Newman，1897—1984）的“数学基础”课。纽曼是剑桥大学的拓扑学家，也是当时剑桥唯一对数理逻辑最新发展有深刻认识的教授。纽曼曾经出席1928年国际数学家大会，熟知希尔伯特研究数学基础的方案。图灵在课堂上学习了哥德尔的“不完备性定理”，因此知道希尔伯特的第三个问题仍然有待解决。依照纽曼的术语来说，就是问会不会有一种“机械程序”（mechanical process），实施在数学命题上时，能辨识此命题在系统里是否得证？

专业数学家多半不相信会存在这种判定程序。哈代在1928年就说：“当然不可能有这种定理，而且幸好不会有这种定理，否则我们就有一套机械的规则来解决所有的数学问题，那我们数学家就没戏唱了。”法国大数学家庞加莱（Henri Poincaré，1854—1912）在《科学与方法》一书中以嘲讽的口吻批评形式化的数学：“我们干脆想象有一部机器，一头把公理丢进去，另一头定理就跑出来。这好像芝加哥传奇性的屠宰机，一头把活猪送进去，另一头就送出火腿与香肠。如此一来，数学家跟机器一样，都不需要理解自己在搞什么了。”在哥德尔惊人的“不完备性定理”问世后，对于整个数学是否存在判定程序，不能光靠信心说“当然不可能有”，而值得仔细深入地分析。

四、计算的机械性

图灵曾经告诉好友甘笛(Robin Gandy，1919—1995)，他在1935年初夏一次长跑途中休息时，躺在草地上突然灵光一闪，想出一种“机械程序”解决希尔伯特的第三个问题。他把这项划时代的创见写成著名的论文《论可计算数及其在可判定性问题上的应用》(*On computable numbers, with an application to the Entscheidungsproblem*，以下简称《论可计算数》)。这篇论文至少有三项极重要的贡献：创新定义一种抽象的计算机；证明通用计算机的存在性；证明存在任何计算机都不能解决的问题。

图灵在《论可计算数》第一节就引进计算机的定义，并且作出一系列的推导。用他的机器计算出来的数，当然符合直观认为是可计算的数。到了第九节，图灵提出一个一般性的问题：“有哪些可能的程序得以用来计算数？”他以三类论述法说明所设计的机器足够计算所有直观认为可计算的数：

(1) 仔细分析人的关于计算的直观，从而定义出合适的计算机。

(2) 证明别人尝试过的方法等价于他的方法。

(3) 尽量给出实例，显示大量的数都可用他的机器来计算。

图灵针对 (1) 所作的论述，风格与一般数学论文很不相同。他模仿儿童的算术作业簿，把纸面划分成一直线排列开的方格。方格内书写的符号只准有限种，因为他说："如果我们允许无穷多种符号的话，则有些符号之间的差异会任意地渺小。"然后图灵分析任何一个计算者 (他当时用的称呼是computer) 的行为，应该取决于当下看到方格里的符号，以及计算者的"心灵状态"。图灵认为心灵状态也只存在有限多种，因为："如果我们允许有无穷多种心灵状态，有些就会'任意地接近'，以至于产生混淆。"图灵在此节的末段，还说计算者可随时离开去做别的事，但是如果他还想回来继续工作，他就必须写下一张记录表，记好当时机器的整体状态，以便可以依照指示重新启动计算。总之，这些生动的直观分析，让我们更好地理解图灵创造机器的动机。

图灵定义理论计算机的方法有相当大的弹性，而不会影响可以计算的范围，因此现在把这一类的理论计算机都称为图灵机器 (简称图灵机)。乍看起来令人怀疑这么简单的计算工具能算多少东西？当然从如此原始的基础出发，要想计算日常使用的数学对象，必然会经过冗长的步骤。但是图灵的重点不在于要花多少精力，而在于可不可能做到。最终图灵以极具说服力的论证让人相信，所有可以计算的数都能用图灵机计算。

在了解他的计算机的功能过程中，图灵体会到定义计算机的方法也是机械性的，因此可以用符号记录下来。如此便能定义一个所谓的通用计算机（universal machine），它可以模拟任何其他图灵机的计算过程。通用计算机把想模拟的图灵机的定义符号当作输入吃进来，然后在想要计算的输入值上，一方面解读被模拟机器的指令，一方面依样画葫芦执行，最后得出同样的结果。通用图灵机赋予当代程序存储计算机（stored-program computer）理论基础，使得人类在机械的发明史上，首次有可能利用软件的变化，极大量扩充硬件的使用效率。数理逻辑学家戴维斯（Martin Davis，1928—　）曾说："在图灵之前，一般都认为机器、程序、数据三个范畴，是全然不同的区块：机器是物理性的对象，我们今日称之为硬件；程序是准备做计算的方案……；数据是数值的输入。通用图灵机告诉我们，三个范畴的区分只是错觉。"

当我们深刻体会出图灵机的威力时，我们会产生一个跟刚开始时态度相反的问题："还有什么是图灵机不可能计算的呢？"当我们启动图灵机开始计算某个输入值时，最怕的是它一直运作不停，无法抵达停机状态给出最终答案。因为图灵机的定义方法，并不保证每次计算都会在有限时间内完成。于是我们很自然便想知道，有没有可能造一个特殊的图灵机，来判断任何图灵机一旦输入任何初始值，计算的动作是否会在有限步骤内停止。这就是所谓的“停机问题”(halting problem)。因为所有的图灵机可以有效地且机械化地逐一列队，图灵便得以使用对角线论证法(diagonal argument)证明不可能存在这种特殊的图灵机，也就是说“停机问题”是无解的，再从这里就可以继续推出“判定性问题”也是无解的。

对于数学系统里机械化的过程，在图灵之前已经有人提出各种模式。譬如，哥德尔提出一般递归函数(general recursive function)，丘奇(Alonzo Church，1903—1995)提出λ演算(lambda-calculus)。这些外貌差异甚大的各种模式，其实都计算出同样的自然数函数。1935年4月19日丘奇甚至在美国数学会的研讨会上宣称，所有直观上认为可以明确计算的函数，都已归属于一般递归函数了。这就成为有名的丘奇论题(Church′s thesis)。这个论题不属于平常数学里的猜想(conjecture)，因为它涉及无法严格定义的直观概念，所以也无从加以证明，只能尽量举出实例当作证据，这种状况类似自然科学里必须用实验来支持定律的成立。

五、图灵机后来居上

图灵在没有跟人讨论的情况下，完成了对于最一般的可计算性的研究，创发了划时代的图灵机。当他把论文给老师纽曼看时，纽曼简直不敢相信希尔伯特的可判定性问题，居然可以用这么简单直观的办法解决。不幸的是在1936年4月15日丘奇已经发表了他的论文《关于可判定性问题的一个注记》(*A note on the Entscheidungsproblem*)，而图灵是在5月28日才把《论可计算数》投给伦敦数学会的会志，所以丘奇领先图灵解决了希尔伯特的可判定性问题。5月底纽曼写信给丘奇，强调图灵在完全没有人指导的情形下独立完成原创性工作。他希望丘奇能替图灵向剑桥写一封争取奖学金的推荐函，以便图灵能脱离孤立环境，前去普林斯顿做丘奇的学生。

结果图灵并没有获得奖学金，他靠着国王学院的单薄薪水去留学。此时丘奇已经不太活跃，一些对数学逻辑有贡献的学生也都已经离开，所以图灵既没能解除他的孤立状况，也没从丘奇那里学到多少新东西。当《论可计算数》校稿寄到普林斯顿时，丘奇为他安排了一场公开报告。他在家书里说："很少人来听12月2日我在数学俱乐部的报告。要想有人来听讲，演讲者必须有名气。我演讲后的下一周是伯克霍夫（G. D. Birkhoff，1884—1944）主讲，他的名声很大，所以讲堂挤满了人。但是他的演讲其实水平不高，大家都在背后笑他。”不仅图灵的演讲没几个人来听，《论可计算数》这篇不朽的论文出版后，也只有两个人向图灵索取抽印本。

然而哥德尔是慧眼识英雄的。他原来对于丘奇论题并不完全有信心，直到他看了图灵对于计算本质的分析，才被说服而承认所有机械性的计算都已经为图灵机所捕捉。哥德尔与图灵这两颗伟大的心灵，虽然殊途同归地推动了可计算性理论的发展，但是终其一生，图灵都没有见过哥德尔一面，也没有跟哥德尔通信讨论过问题。

图灵机所定义的可计算函数既然与众多其他的模式都等价，为什么图灵机后来的影响最大呢？我个人认为图灵从分析人类做计算的心路历程出发，所得到的模式最容易触发人的想象，也最能给出进一步的直观暗示。譬如在图灵机模式里，指导机器运算的指令也是一组有限个符号，它们与在纸带上作为计算对象的符号，本质上没有什么不同。因此导引图灵很自然地构想出通用图灵机。因为理论上有通用图灵机的保证，现代几乎无所不能的电子计算机才有建造的基础。即使是在图灵提出他的通用图灵机概念之后，相当多的人仍然难以想象主要用来计算数字的计算机，有可能用在日常生活的事务上。连制造电子计算机的先驱艾肯(Howard Aiken，1900—1973)在1953年还说：“如果用来找微分方程数值解的机器和替百货公司开账单的机器，在基本逻辑架构上恰好相同，我会认为这是我曾碰过的最奇妙的巧合。”

六、计算复杂度

图灵在普林斯顿近两年的时间里，名义上在丘奇的指导下完成了一篇博士论文。其实从后见之明，我们知道图灵在抵达普林斯顿之前，就已经作出了比丘奇更深远的贡献。所以他们俩并不像一般博士班师徒间的关系，图灵不仅没有从丘奇那里得到很多有用的思想，甚至他的博士论文因为迁就丘奇的偏好，不得不采取λ符号系统，长度因而增加，并且削弱了图灵原来更加直观的风格。这篇名为《以序数为基础的逻辑系统》(*Systems of logic based on ordinals*，以下简称《系统》)的博士论文发表后，比《论可计算数》更缺乏读者。

《系统》想在哥德尔“不完备性定理”破灭了数学整体机械化的梦想之后，重新检讨如果适度地用直观辅助机械化，数学体系还能走到什么程度。图灵在他原有的机器模式里，再加上一个有问必答的组件，他称之为“神谕”(oracle)。当机器按照图灵机的指令运算到某个阶段时，它需要知道某个问题的答案为“是”或“否”时，神谕即刻给出正确的答案。这个步骤在图灵机的指令里无法预先设计，因此它相当于一次运用直观的跳跃。

因为图灵机给予了极富启示性的思想图像，使得加入神谕也变得十分自然。另一位与图灵同时代的美国逻辑学先驱波斯特(Emil Post，1897—1954)，迅速掌握了神谕的重要意义。当我们用图灵机计算A函数时，如果把B函数的值当作神谕，就表示计算A的难度不会超过计算B的难度。所有只用图灵机而不需要任何神谕协助就能计算的函数，就构成了难度最低的所谓的可计算函数。波斯特用装备神谕的图灵机来区分计算时相对的难度，从此开创了计算复杂度(computational complexity)理论的研究。

图灵机储存数据的纸带，以及运算过程中所耗费的步骤数与方格数，很容易启发人们考虑计算时使用的时间与空间资源。要使计算在现实世界里可行，这些资源的消耗必须加以合宜的限制。受不可计算世界里复杂度研究的影响，在可计算的世界里也可用消耗资源的多寡来区分相对难易程度。1971年加拿大逻辑学家库克(Stephen Cook，1939—)引入了P与NP两种问题类。粗略地讲，P里的问题都有可行的计算方法，而在NP里又在P之外的问题到目前为止还都没有找到可行的计算方法。库克还证明有一些在NP里的问题如果一旦有可行的计算方法，则所有NP里的问题都可以有可行的计算方法，这些问题称为NP完备问题。P与NP到底是不是相异的两类，已经成为21世纪初克雷数学研究所（Clay Mathematics Institute）悬赏百万美元的问题之一。

七、破解密码

图灵获得博士学位之后，因为怀念英国剑桥的环境，辞谢了冯·诺伊曼邀请他担任助理的机会，也拒绝了他父亲要他留在美国回避希特勒渡海攻击英伦的危险的建议，毅然决然地返回国王学院。图灵除了从理论上研究计算机外，他也喜欢动手操作机具。他在普林斯顿时，就曾尝试制作用继电器做二进制数乘法的机器。回到英国后，图灵更秘密地参加了政府破解密码部门的工作。

1939年9月3日英国正式对纳粹德国宣战，破解德国军事密码的任务愈发重要与迫切。特别是德国潜艇在大西洋上横行，而德国海军使用代号恩尼格玛（Enigma）的密码系统号称不可破解，给盟军造成非常大的威胁。最终图灵因为在计算理论的经验，以及统计方法的巧妙运用，成功地破解了恩尼格玛系统。因为快速破解密码的需求，英国情报部门加快研制电子的计算机具。图灵不仅开始学习电子方面的技术，而且暗地里计划制造一台电子的通用图灵机，也就是真正的现在所谓的电子计算机。

二战中美国已开始电子计算机的研制。英国受到这种发展的刺激，也在1946年以图灵的设计为基础，成立了“自动计算引擎”（Automatic Computing Engine）计划。虽然图灵在计划里担任首席科学家，也开创了一些包括程序语言设计的新想法，但是他在工程方面毫无影响力，结果“自动计算引擎”计划完全泡汤。此时图灵当年的老师纽曼在曼彻斯特大学建立基地，并且从皇家学会谋得一笔巨款制造计算机。纽曼请了一位雷达工程师实现了存储程序计算机，终在1948年6月成功地使图灵的构想变成现实。

八、模仿游戏

图灵在密码部门的工作经验，让他看到许多工作人员整天按照指示埋头苦算，其实完全不知道背后的动机，最终也解决了非常困难的问题。这使他基本上扬弃了在博士论文里论辩的立场，从而全然倾向心灵的机械观。他于

1950年发表了一篇思虑清晰的哲学论文《计算机器与智能》(*Computing machinery and intelligence*)，这是人工智能研究上的一篇里程碑式的文献。

据甘笛回忆："《计算机器与智能》并不是要做深入的哲学分析，而是要当作一种宣传。图灵认为时机已到，哲学家与数学家应该认真看待计算机，计算机并不单纯是执行计算的引擎，而且有智能的行为。他想努力说服大家这是实情。他写这篇文章不像在写数学论文，他写得又迅速又痛快。还记得他读某些片段给我听时，总是面带笑容，有时甚至还会咯咯地笑出声来。"

这篇论文讨论的主要问题是如何分析机器会不会思考，图灵采取的方法不是思辨性的分析，而是建议一种可操作的评判标准。他提出所谓的模仿游戏(imitation game)来分析计算机的思考水平，这个游戏的布局如下：在一个房间里安置一台计算机和一位助理，在另一个房间里有一位询问者。询问者分别与计算机及助理以通信管道连接起来，并且利用键盘敲击出荧屏上的文字交谈。询问者事先并不知道哪一个通话的对象是计算机，他用各种各样的问题查探二者的真相，游戏终结时询问者要确定哪一个是计算机。在游戏过程中，计算机尽量要让询问者猜不出自己的真实身份，而助理的作用是协助询问者作出正确的判断。现在一般称呼这种类型的游戏为图灵测验（Turing test），如果计算机能以高成功率瞒骗过询问者，我们就可以说计算机已有人脑思维的功能。

图灵很乐观地认为在20世纪末，计算机的功能可以强大到多数人不能否认它有思考能力。但是目前定期在世界各地举行的图灵测验比赛，仍然无法让计算机展现接近人的思考能力。虽然如此，图灵的想法与信心不仅刺激了人工智能的研究，也使心理学产生了变革，更间接催生了当代的认知科学。人脑到底算不算是一个计算机，也成为研究人类心灵与意识上争论不止的问题。

九、天妒英才

图灵在曼彻斯特安居下来，他开始对生物成长时形态的变化产生兴趣。他认为化学反应与扩散的非线性方程式，会导致初始的对称形态逐渐成长出不对称的复杂面貌。他似乎也是最先把计算机引入数学研究的人，他使用计算机的数值模拟观察化学反应。1951年他发表了另一篇高度原创性的论文《形态发生的化学基础》（*The chemical basis of morphogenesis*），这篇文章虽然当时并未引起注意，但是现在看来却是炙手可热的非线性动力学的开山工作之一。

1952年3月，因为图灵的男伴偷了东西潜逃，图灵报警后反而被警方送上法庭审判，因为那个年代在英国同性恋还算是犯罪行为。图灵不愿做任何辩护，也不认为自己的行为有错。他面对法庭给他的两种选择，坐牢或是接受荷尔蒙矫正时，他宁愿挑选后者。但是这种粗暴的处理方法，不仅使图灵戏说自己快长出女性乳房，而且严重地搅乱了他的心灵。

图灵本来还继续秘密地帮英国情报机构工作，但是冷战时期的严峻环境，使得同性恋者无法通过安全检查，图灵也因而被判出局。他那种不太符合一般社会规矩的行为模式，更是让安全单位放心不下。1954年6月7日，去他家里打扫的清洁工发现图灵已经长眠不醒，床边还留有咬了一半的苹果。虽然验尸结果说是服氰化物自杀，图灵的母亲坚信他是在搞化学实验，不小心把残留手上的药物沾在苹果上吃进肚子里。现在更有人怀疑图灵是冷战时期保密防谍的牺牲品。

十、精神不朽

图灵是那种真正超越时代的天才，必须假以时日才能认清他对人类深远的影响。即使是在英国那种较宽容精英分子的国家里，图灵一生的待遇并未与他的贡献成正比。1948年他才首度获得大学教职，加入纽曼在曼彻斯特大学建造电子计算机的团队。他生前在学术界里受到的最大肯定，是1951年因纽曼与罗素的提名当选了皇家学会会士。不过在逻辑与计算机科学领域里，他身后较快获得了肯定，美国计算机协会(Association for Computing Machinery)从1966年起设立图灵奖，作为对计算科学有贡献人士的最高奖项。直到1983年另一位同性恋数学家霍奇斯(Andrew Hodges，1949—　)替他写了一本脍炙人口的传记《谜样的图灵》(*Alan Turing: The Enigma*)，英美大众才对他有了较全面的认识。以这本书为蓝本的舞台剧《破解密码》(*Breaking the Code*)，于1986至1988年在英美两国上演。2014年的电影《模仿游戏》(*The Imitation Game*)也参考了霍奇斯写的传记，并且获得奥斯卡最佳改编剧本奖，是一部非常受欢迎的佳片。

2012年2月23日英国顶尖的科学期刊《自然》赞扬他是自古以来最伟大的科学家之一。编者说:"图灵的成就广度惊人:数学家景仰他是因为他解决了希尔伯特的*Entscheidungsproblem*，也就是所谓的'可判定性问题'；密码学者与历史学家纪念他，是因为他解开了纳粹德国的恩尼格玛密码机，有功于早日打完第二次世界大战；工程师向数字时代与人工智能的鼻祖欢呼；生物学家向形态发生学的理论家致敬；物理学家为非线性动力学的先驱举杯；而他对理性与直觉具局限性的意见，有可能让哲学家皱眉头，因为1947年他在伦敦数学会演讲时说：‘如果要期望机器永不犯错，那么机器就不可能有智慧。’”

1956年英国下议院通过修改法条，认定16岁以上同性或异性间自愿的性行为均属合法。2013年英国女王伊丽莎白二世正式赦免图灵生前的严重猥亵罪。2017年1月31日颁布的艾伦·图灵法案，赦免因英国历史上反同性性交法律定罪的男性。当图灵诞生的房舍于1998年6月23日正式被指定为英国的历史遗产时，霍奇斯在揭开纪念牌仪式的献词里，替图灵的人生做了一句最恳切的总结：“法律会杀人，但是精神赋予生命。”(The law kills but the spirit gives life.)

被老婆浇冷水而亡的自学成器者布尔

1815年是英国历史上特别值得纪念的一年，因为那年6月惠灵顿公爵（Duke of Wellington，1769—1852）在滑铁卢重创拿破仑，使得欧洲历史为之丕变。不过200年之后再来看，惠灵顿公爵对人类的贡献，却不及1815年11月2日在英格兰东部林肯（Lincoln）诞生的乔治·布尔（George Boole，1815—1864）。今日在搜索引擎打入布尔名字的形容词Boolean，结果会出现超过五千万条。当计算机与网络深入生活中每个领域与层面时，作为电路运作最基本理论的“布尔代数”（Boolean algebra），便是最能造福人类的数学领域之一，由此可见布尔原创工作的巨大影响。

乔治·布尔是鞋匠约翰·布尔（John Boole，1779—1848）的大儿子，他还有一位妹妹及两位弟弟。在当时的英国社会，鞋匠仍然属于底层阶级。老布尔虽然是聪明的匠人，但他不专心磨炼手艺改善家计，反倒爱上了科学，并且特别喜欢钻研制造光学仪器。布尔从小就开始跟着父亲学习数学，当别的7岁幼儿还在玩玩具时，他就经常沉浸在解数学问题的世界里。

英国政府在19世纪70年代之前，并没有普遍设置公立的初等教育学校。布尔家的经济能力无法支持他上所谓的“文法学校”（grammar school），所幸英国教会在1811年成立了“促进宗教教育国社”（The National Society for Promoting Religious Education），计划在每一个教区都成立一所“国校”（national school），用以提供贫穷家庭小孩接受教育的机会，以便他们能安于自己的阶级做个有用的人。布尔在7岁时进入一所这样的学校，但是学校能提供的课程相当有限，老布尔干脆自己来加强儿子的阅读力、观察力以及一些科学知识。当布尔10岁时，一位邻居书商布鲁克（William Brooke）先生，自愿教导布尔学习拉丁文，并且允许布尔阅读他的藏书。布尔在12岁时就有能力翻译贺拉斯（Horace，公元前65—前8）的拉丁文《颂诗》（*Odes*），让父亲感觉十分骄傲，想办法把他的译诗发表在报纸上，不过也引起一位专家怀疑是否真正出自如此年幼孩童的手笔。布尔在紧接的两年里，更加认真精进拉丁文，并且还自学了希腊文。

布尔在14岁时进入一所商科学校，到16岁时家里的经济状况愈来愈差，他必须寻求工作机会来减轻父亲的负担。在离林肯约64千米的当卡斯特（Doncaster）一所寄宿学校，他找到一个教拉丁文与数学的助理教师职位。布尔一心努力想脱离他所存身的阶级，然而，教师在当时不算像样的职业；若想从军，须投资取得任命；他又负担不起获得律师资格所耗费的金钱与时间；所以他只好走向神职的道路。

然而布尔严守逻辑的头脑，让他很难毫无怀疑地接受宗教的教条，特别是三位一体的主张。所以在当卡斯特学校任职时，他不仅会在礼拜天读数学书，有时还在教堂做礼拜时解数学问题，惹得有些学生家长向学校反映他犯了大忌。除了违背宗教禁忌，他在教那些平庸学生反复练习时，常常会因不耐烦而闹情绪。布尔在1833年丢了教职，同时彻底放弃进入神职的希望。不过4年的准备工夫也没有完全白费，他靠自学又掌握了运用法文、德文、意大利文的能力。离开当卡斯特的学校后，布尔在距林肯仅6.4千米的瓦丁顿（Waddington）谋得一个教职。

在当卡斯特的两年里，布尔从全力学习语言，逐渐转向了自学数学。他现在有能力直接阅读欧陆的数学著作，他先从一本水平一般的法文书《微分演算》开始。他承认学习的过程浪费了很多时间，不过最后他把自己的程度提升到能读懂一些数学名著，例如拉格朗日（Joseph Lagrange，1736—1813）的《分析力学》、拉普拉斯（Pierre-Simon Laplace，1749—1827）的《天体力学》、牛顿的《自然哲学的数学原理》、泊松（Siméon Denis Poisson，1781—1840）的《力学专论》。布尔后来告诉朋友，他的学习方法就是纯粹靠意志力，不断反复阅读，一遍又一遍终至豁然贯通。

19世纪初正是英国工业革命的兴盛期，有些工业巨子捐资成立所谓的"技工学社"（mechanic's institute），是一种成人教育机构，提供劳动阶级一些技术性的课程，目的是使工厂能招募到知识与技术比较好的职工。"技工学社"也是劳动阶级的图书馆，让他们在赌博与上酒馆之外，能有消磨时间的地方。1834年林肯郡成立了"技工学社"，老布尔被委以管理图书的职责。学社会长捐赠了整套皇家学会的出版品，让布尔通过父亲的关系有机会探索其中的数学宝藏。

为了就近照顾家庭，布尔在1835年搬回林肯，经营起自己的日间学校。因为牛顿是林肯郡出身的伟大科学家，当年林肯"技工学社"的主要赞助者雅玻罗爵爷（Lord Yarborough）捐赠给学社一尊牛顿的大理石塑像。布尔的能力与博学在林肯已经相当有名，虽然他还不满20岁，可是大家公推他在林肯著名大教堂举办的献礼上，演讲《艾萨克·牛顿爵士的天才与发明》。他的讲辞获得出版，展现了他用心学习拉丁文而磨炼出来的典雅文笔，因而也赢得了林肯更多人的尊敬。

1838年布尔原来任职的瓦丁顿学校校长过世，他应邀返回担任校长。他把全家搬到瓦丁顿，经济状况也得到很大改善。两年后他就有能力在林肯购买房地产，再次开办自己的学校。在这段搬来搬去的岁月里，布尔不但没有停止钻研数学，甚至写出了两篇论文。但是谁会出版一位没上过大学、没学位的平民学校校长的数学著作呢？

千里马也需遇见能赏识它的伯乐，布尔的伯乐就是年长他不及3岁的苏格兰数学家格里高利（Duncan F. Gregory，1813—1844）。格里高利担任1837年新发行的《剑桥数学期刊》（*Cambridge Mathematical Journal*）的主编，愿意刊出一些非主流的论文。布尔把文章投给了这本年轻的期刊，格里高利没有轻视布尔的出身，迅速辨识出他的原创力，并且热心地协助他改进写作上的不足，在1840年先后刊登了布尔的三篇论文。

1841年布尔发表了《线性变换一般性理论之阐述》（*Exposition of a general theory of linear transformations*），开创了不变量理论的研究领域。所谓不变量可以大略描述如下：考虑二元二次齐次式 $ax^2+2bxy+cy^2=0$，现在把变量做

线性变换 $x=\alpha x'+\beta y'$, $y=\gamma x'+\delta y'$, 然后代入前式便得

$$A(x')^2+2B(x')(y')+C(y')^2=0,$$

其中

$$A=a\alpha^2+2b\alpha\gamma+c\gamma^2,$$

$$B=a\alpha\beta+b(\alpha\delta+\beta\gamma)+c\gamma\delta,$$

$$C=a\beta^2+2b\beta\delta+c\delta^2。$$

现在不难验证

$$B^2-AC=(\alpha\delta-\beta\gamma)^2(b^2-ac),$$

所以新的“判别式” B^2-AC 是原有“判别式” b^2-ac 乘上一个因子 $(\alpha\delta-\beta\gamma)^2$, 而该因子完全由变量变换时的系数 α, β, γ, δ所构成。这种现象就是说“判别式”是原来二元二次齐次式的一种“不变量”(invariant)。

布尔扩大考虑不变量的范围,从二元二次齐次式推广到有 m个变数的 n次齐次式。他想知道在由齐次式系数构成的式子中,有哪些会在变量的线性变换下展现类似的不变性。对于四次齐次式,他找到几个不变量。布尔虽然开启了不变量的研究,但是他没有继续深入追索下去。在英国让不变量研究成为活跃领域的主要数学家是紧随布尔之后的凯莱(Arthur Cayley,1821—1895)与西尔维斯特(James Joseph Sylvester,1814—1897)。

布尔的数学能力经在《剑桥数学期刊》发表论文而得

到肯定，他开始动念头去剑桥大学攻读学位。当他向格里高利征询意见时，才知道在剑桥一年的学费与生活费，差不多是英格兰银行行长半年的薪资。而且布尔一旦去剑桥念书，自己开设的学校就必须收摊，全家的经济来源也将断绝。这些现实的因素，使得布尔不得不打消追求剑桥学位的想法。

虽然去不成剑桥，但是布尔研究数学的热诚却丝毫不受影响。他持续在《剑桥数学期刊》发表论文，而且深度与长度都在增加。1843年，他所撰写的《论一种分析里的一般方法》(*On a general method in analysis*)文稿长度，超过了格里高利所能接受的上限，于是他建议布尔改投声誉卓著的《伦敦皇家学会学报》(*Transactions of the Royal Society of London*)。经过一番周折后，该文不仅得以发表，还在1844年11月替布尔赢得一枚皇家奖章，那是为1841—1844年间《伦敦皇家学会学报》刊登的最佳数学论文所设的。

布尔获奖论文的主题是研究使用符号代数解决微分或差分方程。他把微分的$\frac{\mathrm{d}}{\mathrm{d}t}$与差分的$\Delta$看作是符号算子，讨论它们的运算规则。这种符号代数的观点，正好是当时英国自主发展的一套数学观。认为代数演算里的符号x，y，z不必然要代表"数"，而可以当作独立的研究对象。在设定的基本规则范围里，得以抽象地推导出各种结论。一旦符号从与数的紧密结合中解放出来，代数学的应用范围就大为扩充。英国虽然出过发明微积分的牛顿，但是到19世纪世界数学的重心已然落在欧洲大陆，符号代数的建立是英国再度深刻影响后世数学发展的新契机。

莱布尼茨（Gottfried Wilhelm Leibniz，1646—1716）曾经说过："精练我们的推理的唯一方式是使它们同数学一样切实，这样我们能一眼就找出我们的错误，并且在人们有争议的时候，我们可以简单地说，让我们计算，而无须进一步的忙乱，就能看出谁是正确的。"这种把数学引入逻辑的态度，影响了布尔尝试把符号代数方法用到逻辑的问题上。1847年为了支持他的朋友德摩根（Augustus De Morgan，1806—1871）与别人关于逻辑问题的论战，他出版了一本小册子《逻辑之数学分析》（*Mathematical Analysis of Logic*）。7年之后，从这本小册子开端的探索，终于发展成布尔一生最具影响力的杰作《思想法则之探讨，并以其建立逻辑与概率的数学理论》（*An Investigation of the Laws of Thought, on Which Are Founded the Mathematical Theories of Logic and Probabilities*）。罗素曾经赞扬说："布尔在自称为《思想法则》的著作里，发现了纯粹数学。"

1849年是布尔命运翻转的一年，他获得爱尔兰柯克（Cork）大学新成立的皇后学院延聘担任首位数学教授。布尔既无学位又非出身上层阶级，完全凭借自己的刻苦努力，在英国数学界闯出了名声，他的著作能获得皇家奖章，也是赢得教授职位的有利因素。此时，他的父亲已经过世，母亲不愿搬迁到爱尔兰。布尔的教授薪资相当优渥，他有能力安顿好母亲的赡养开支，单身怀抱着热情迎接爱尔兰的新生活。布尔的林肯乡亲以他为荣，替他举行盛大的饯行仪式，并致赠银质墨水台以及昂贵书籍。后来在布尔过世后，还在林肯大教堂制作纪念布尔的彩色玻璃窗，以《圣经·塞缪尔记》的故事为图案。

林肯大教堂纪念布尔的彩色玻璃窗

布尔在柯克大学的学术生活是一连串的荣耀记录。1852年他得到都柏林大学的荣誉博士学位，1854年出版了《思想法则之研究》，1857年获选为伦敦皇家学会会士，1858年因为对概率论的贡献，获得爱丁堡皇家学会的论文金奖。1859年他获颁牛津大学的荣誉博士学位，也出版了《微分方程专论》(*Treatise on Differential Equations*)，接着在次年出版了《有限差分演算专论》(*Treatise on the Calculus of Finite Differences*)。

布尔的私生活在柯克也发生了根本的变化。皇家学院的副院长及希腊文教授莱尔(John Ryall)是布尔的好朋友，1850年，莱尔的18岁甥女玛丽·埃佛勒斯(Mary Everest，1832—1916)来访，认识了布尔。玛丽是乔治·埃佛勒斯(George Everest，1790—1866)的侄女。虽然年龄与阶级都有相当大的差异，布尔与玛丽还是在1855年结成连理。他们的婚姻相当美满，在1856—1864年间共生了五位女儿。

当布尔的人生，无论是教学、研究、还是家庭生活，都达到了完美的巅峰状态时，1864年11月24日一项严重的判断失误，却不幸让布尔戛然陨落。那天，布尔像往常一样走路去学校，但是途中突遭暴雨袭击淋成落汤鸡。因为他不愿耽误上课，所以来不及更换湿透的衣裳，便直接登上讲台。结果他不仅得了感冒，还恶化成肺炎。玛丽是哈内曼（Samuel Hahnemann）宣扬的顺势疗法（homeopathy）的信徒，认为应该用得病的原因来治疗所得的病。布尔因此被摆在浸湿被单的床上，甚至有记载说玛丽还用一桶桶的冷水浇向布尔。一位怀着炙热爱心的妻子，最后却彻底浇冷了丈夫的躯体，那时布尔还未满50岁。

其实玛丽并不是一位无知的女人，只是小时候父亲接受哈内曼的指导，必须给孩子们严格的训练，例如洗澡要用冰冷的水，早餐前要长途步行，以及严格的饮食规矩。所以玛丽对顺势疗法深信不疑。玛丽其实从小热爱代数，他与布尔的结合有志趣相投的成分。她曾参与布尔的微分与差分方程书籍的编辑工作，在布尔过世后，她自力更生成为儿童数学教育专家，还出版过一本儿童读物《代数的哲学与乐趣》（*Philosophy and Fun of Algebra*）。她独立养大了五个女儿，女儿们都有相当精彩的人生，大女儿的后代包括获得2018年图灵奖的辛顿（Geoffrey Everest Hinton，1947—　）。

布尔过世后不久，伦敦一本杂志刊登了追悼文，虽然推崇《思想法则之研究》是布尔的重要著作，但是说此书“预期的读者本就极为局限，实际上也只触及甚少的对象”。这个评价在当时也许有几分道理，但是到了1937年香农

(Claude Shannon，1916—2001）把布尔的逻辑代数与电路设计结合起来之后，布尔从此成为计算机时代的先驱天才，也是数学史上永不磨灭的名字。2015年发明Mathematica程序语言的沃尔弗拉姆（Stephen Wolfram，1959— ）在一篇纪念布尔诞辰200周年的文章中，展示了下面这张图，是1950年以来论文中出现Boolean这个字的频率数，可见布尔的影响力与日俱增。

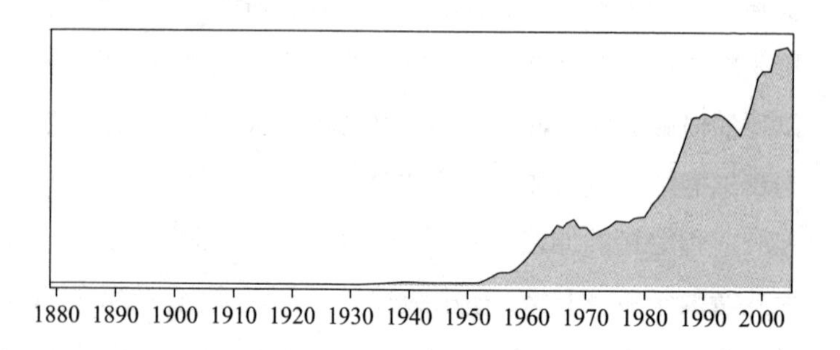

从布尔的故事里，我们可以得到几项启发：

一、主流与非主流

在布尔的时代，英国数学被欧洲大陆数学家看轻。但是英国数学家另辟蹊径，不仅开创了不变量理论的研究，也发扬了代数的抽象化，这些成就到19世纪后期反过来深刻影响了欧洲大陆的数学发展。所以数学研究的主流、非主流很难正确预见，包容数学的多元发展才是让数学生命旺盛的不二法门。

二、实用与纯粹

布尔从分析人类推理时的纯粹规律，发展出逻辑代数系统，这些系统在实用上的效益并不在他考虑的范围内，这也就如罗素所说，布尔发现了“纯粹”数学的出发点。但是后世的发展，却证实了布尔代数是最有实用价值的数学理论。所以纯粹与应用数学的界线并不能刻板划分，数学的惊人威力正在于意想不到题材间最终能够建立起关联，因此数学的发展不应以短期的功利目标为评鉴标准。

三、独立的思想

布尔的自学经验告诉我们，在孤立的环境中学习与研究数学虽然有一定程度的艰辛，但是并非绝无可能突破困境。尤其今日网络资源丰富，各地爱好数学的人不可能与国际学界不通声息。但是要做出真正有影响的研究成果，必须稳固好独立思想的意志，不要轻易跟着潮流飘荡。

以逻辑建构神经网络的奇才皮茨

冯・诺伊曼(John von Neumann, 1903—1957)是20世纪最具影响力的全方位数学家，他的成就触及集合论、量子理论、算子理论、博弈论，从纯粹到应用数学的多个领域。他也直接参与曼哈顿计划，为美国第一颗原子弹的研制做出了贡献。冯・诺伊曼是将通用图灵机的理念付诸实际建造的先锋，他采用二进制逻辑；程序与数据等量齐观的内储与执行；以及计算机组织划分为五大区块(运算器、控制器、内存、输入设备、输出设备)；这种设计成为现在人称冯・诺伊曼的结构体系。1945年，冯・诺伊曼写了一份极为重要的报告《EDVAC报告书的第一份草案》(*First Draft of a Report on the EDVAC*)，文末只列出一篇参考文献，就是由麦卡洛克(Warren McCulloch, 1898—1969)与皮茨(Walter Pitts, Jr., 1923—1969)合作的《神经活动中内在思想的逻辑演算》(*A Logical Calculus of Ideas Immanent in Nervous Activity*)。

这篇关键文献主要的贡献如下:

1. 一种建立在抽象神经元上的计算模式,启发了后续在计算理论上非常重要的自动机(automata)理论的发展。

2. 一种设计计算机逻辑的技术,影响了现代计算机硬件的设计。

3. 创新建立心与脑的计算理论。

麦卡洛克与皮茨的论文发表在1943年,当时已经有一批生物物理学家尝试用数学方法研究神经网络。他们与众不同的地方在于使用逻辑与计算的数学结构,解释神经的机械性活动是如何有可能导出心灵的功能。所谓计算的数学结构就以图灵(Alan M. Turing, 1912—1954)所发明的计算机(一般称为图灵机)理论为依据。在他们之前,无论是图灵还是其他人,都不曾在心灵/大脑问题上使用过数学形式的计算理论。他们会采取这样的理论创新,跟麦卡洛克的长年知性发展相关。

麦卡洛克虽然是一位神经生理学家,但他对数学与哲学怀有高度的兴趣,也在本科及研究生阶段修过一些相关的课程。他一直认为神经生理学的目标在于通过神经的生理机制来解释心灵现象，而感叹于科学家没有付出足够的关注来建立这样的理论。20世纪20年代中期，当麦卡洛克还在医学院学习时，他创造了一套自称为“心灵原子”的想法，准备把心理现象化约为这些“心灵原子”的关联与活动。每个“心灵原子”代表的心理现象都极为简单，要么发生了，要么没有发生，是一种二元的取向。“心灵原子”之间按照时间的顺序相关联，每个“心灵原子”启动的条件是连接它的“心灵原子”都启动了，而它的启动又影响到后续“心灵原子”的启动。麦卡洛克很想替自己发明的“心灵原子”构建一套类似命题逻辑的演算体系，但是他遭遇到困难就是“心灵原子”之间串接出来循环时该怎么办，那是一个“心灵原子”发出的信号，最终又返回来影响自己，周而复始回荡不已。

到1929年麦卡洛克有一个新的体会，就是大脑神经元的电流信号按照全有或全无的方式传递，恰好模拟他的“心灵原子”的基本动作。因此他想到利用布尔代数来描述神经网络的行为，从而大脑就内涵了一种逻辑计算，颇为类似怀特海（Alfred N. Whitehead，1861—1947）与罗素（Bertrand Russell，1872—1970）所合作的《数学原理》里的符号体系。麦卡洛克在建构理论的过程中，最困扰他的问题还是原来“心灵原子”的循环问题。一直到他遇到一位小朋友皮茨，才获得满意的解决方案。

皮茨的生活故事有颇多非比寻常的地方，因此也就染上了传奇的色彩。特别是有关他的故事大部分来自他的好友莱特文（Jerome Lettvin，1920—2011）的回忆，细节不免有些加油添醋之嫌。

皮茨出生在底特律一个劳工家庭，父亲是只会操拳头教育儿子的粗人。皮茨12岁的某一天，他又被街上一群痞子找上麻烦，为了躲避挨打，他一溜烟躲进附近的公共图书馆。皮茨本来就很爱好学习，他从图书馆里获得的知识，已经远远超出同龄人。那天他在成排书架里逛来逛去，一套书抓住了他好奇的目光，那就是怀特海与罗素合著的三卷“天书”《数学原理》。书里充满了各种各样的奇怪符号，用来讲如何从最简单的逻辑一步步建立起整个数学系统。“天书”不仅难以卒读，也极少人会对讨论的主题感兴趣，但它确实是一本20世纪初期的学术名著。接下去的三天里，皮茨都泡在图书馆里，不仅一口气把2 000多页“天书”吞下去，还在第一卷里找出一些他认为严重的错误。之后，小皮茨写了一封信给罗素，告诉他应该改正的地方。罗素回复了一封相当客气的信，并且邀请皮茨来英国剑桥当他的研究生。当然罗素完全没想到来信者只是一位12岁的少年，而皮茨也没有条件去英国留学，不过从此皮茨坚定起研究逻辑的决心。

三年以后，罗素到芝加哥大学讲学，皮茨不知从哪里知道这个消息，他毫不犹豫地奔赴芝加哥，一生再也没有回去令他饱受折磨的家。没有学历的皮茨无法在芝加哥大学注册成为正式学生，他靠打零工为生并且旁听罗素的课。在罗素的课堂上他认识了正准备上医学院的莱特文，从而成为终生挚友。此时著名的维也纳学派哲学家卡尔纳普（Rudolf Carnap，1891—1970）正在芝加哥大学任教，有一天皮茨拿了一本卡尔纳普新出版的逻辑书走进他的研究室，书页上写了不少皮茨的批注或意见。皮茨并没有先做自我介绍，就跟卡尔纳普高谈阔论起逻辑，讨论完毕又闷不吭声地跑了。有好几个月卡尔纳普都在到处打探“那个会逻辑的送报童”在哪儿？卡尔纳普最终找到了皮茨，并且说服大学给皮茨一个劳力活，这可帮了无家可归的皮茨一个大忙。

1941年9月麦卡洛克来到芝加哥大学任教，他先认识了莱特文，然后莱特文又把皮茨介绍给他。他们三人拥有一位共同的偶像，就是启蒙时代的博学大师莱布尼茨。莱布尼茨预想一种思想的字母，用来建立普遍性的符号语言，以逻辑的结合方式以及计算手段，判定有关理智的问题。麦卡洛克告诉两位年轻朋友莱布尼茨的理想目标，也认为怀特海与罗素的《数学原理》提供了可行的方法。最重要的是他认为一个神经元接受其他神经元传来的信号，当刺激到达某种阈值时，就会激发且传送信号给下一个神经元。这是一个全有或全无的二元操作，类似于命题的真或伪，所以适当地建立神经网络便有可能实现《数学原理》的逻辑系统。如此从神经元到理智的逻辑操作，不就实现了心灵的机械观吗？

麦卡洛克的个性开朗不拘小节，家中不时高朋满座谈论各种话题，从文学、科学到政治，像极了波希米亚人的生活。他既然与两位年轻朋友谈得来，就干脆请他们住进自己家中。特别是皮茨擅长逻辑演算，更能帮助麦卡洛克构筑他心目中的理论。两人常在麦卡洛克的妻子与三个子女睡觉后，斟满酒杯彻夜讨论，乐此不疲而不知东方之既白。他们的努力终于获得丰硕的成果，也就是1943年发表的划时代名作《神经活动中内在思想的逻辑演算》。

1943年莱特文已经来到哈佛大学医院神经科实习，另外一位实习生说要介绍他认识一位远房亲戚维纳（Norbert Wiener，1894—1964）。维纳是一位早熟的天才，在纯粹与应用数学都有多方面的贡献，其中相当为人称道的一项发明是控制论（cybernetics）。当两位实习生第一次拜访维纳时，维纳一直抱怨得力助手因滑雪受伤，造成他工作上的不便。莱特文因此向维纳推介好友皮茨的超群本领，认为他足以胜任助手工作。但是维纳不相信有此等高手的存在，于是莱特文联系麦卡洛克一起替皮茨买了来回波士顿的车票，要让维纳亲自考验皮茨的能耐。

当莱特文带皮茨去麻省理工学院维纳的研究室时，维纳二话不说立刻把皮茨拉到隔壁教室的黑板前，要讲自己遍历性定理的证明给皮茨听。只一会儿，皮茨就开始问问题，并且提出自己的想法与建议。教室的两面墙都是黑板，当第一块黑板写满后，维纳已经心满意足地找到了新助手。维纳日后曾经表示："皮茨毫无疑问是我遇过最强的青年科学家。……日后他如果跻身美国甚至全世界同时代中最重要的两三位科学家之列，我也绝不会感觉意外。"维纳甚至安排没有高中文凭的皮茨来麻省理工学院攻读博士学位，这种安排在芝加哥大学是绝无可能的。因此皮茨欣然搬迁到波士顿，开始跟随世界上最具影响力的数学家学习。皮茨虽然在维纳的羽翼下活跃于大波士顿区的科学界，他却只有在1943—1944学年于物理系，以及1956—1958学年于电机与计算机系正式注册为研究生。

因为生物学家多半对逻辑工具不熟悉，《神经活动中内在思想的逻辑演算》发表后，没有马上引起他们的重视，所以维纳要求皮茨把神经网络功能改善得更接近真实的大脑。因为大脑里神经元的数量如此庞大，自然需要引入统计工具，而维纳正是随机方法的大师。另外，维纳也理解到皮茨的神经网络有机会用机器实现，从而提供了以人造物展现心智性质的可能性，同时成就了他的控制论革命。不久，维纳在普林斯顿的一场研讨会上把皮茨介绍给冯·诺伊曼，后者非常赏识并肯定这位年轻人的才华与贡献。用不了多久时间，环绕着维纳、冯·诺伊曼、麦卡洛克、皮茨、莱特文形成一个所谓的控制论学圈，皮茨成为其中最耀眼的天才，大家想要发表论文都先请他过目获得认可。根据莱特文的回忆："在化学、物理以及任何你谈论的历史、生物等话题上，皮茨的学养都无与伦比。当你问他一个问题后，你会获得简直像一整本教科书的答复……对他而言，整个世界都是以一种复杂而奇妙的方式联结在一起的。"麦卡洛克也曾向卡尔纳普表示过，皮茨在学术上简直是荤素不忌，什么学科的东西他都很在行，更能阅读拉丁文以及希腊、意大利、西班牙、葡萄牙、德文等文种的文献。要动手的技艺他也很拿手，像焊接、组装收音机、设计电路他都可以自己来。麦卡洛克承认："在我这么长的人生中，还没见过其他如此博学又熟练实务的人。"

最终皮茨完成了一篇相当长的博士学位论文，探讨在三维空间中实现他的神经网络模式。然而皮茨有一个让人费解的偏执，就是他不愿在公开的场合签下自己的名字，所以他的没有签名的博士论文不被校方接受。其实有没有博士头衔已经不那么重要，因为1954年6月出版的《财富》杂志，报道了20位40岁以下最有潜力的科学家，皮茨已经名列其中了。

1951年麦卡洛克获得麻省理工学院的延聘，重新与皮茨、莱特文在波士顿会师，展开令人振奋的学术研究。麦卡洛克仍然延续他在芝加哥的波希米亚式的自在生活，经常请朋友来家中放浪形骸，这种社交方式让十分保守的维纳夫人极端不满。麦卡洛克在芝加哥胡闹也就算了，现在跑到波士顿岂不带坏了维纳？维纳夫人干脆捏造了一个谎言，说女儿去芝加哥时住在麦卡洛克家中，他那群“少爷们”曾经调戏她。维纳除了学术，其他生活事项都听任老婆摆布，于是他立刻与皮茨、莱特文断交，而且没有告诉他们断交的理由。这种不合逻辑的举动，让尊维纳似父的皮茨难以理解，从而精神上遭受了极大的打击。

皮茨遭受到的另外一项心理冲击，来自他参与有关青蛙视觉的实验。这项实验显示青蛙的视网膜，并非被动地把外在图像传给大脑去处理，而是会先做一些对比、曲率、运动的分析。也就是说即使大脑的神经元按照清晰的逻辑法则计算信息，那些含混的模拟式程序在视觉处理上同样重要。逻辑远不如皮茨期望的那样居于优势的领导地位，这使得他感觉非常失望。虽然皮茨不肯吐露，但是像莱特文这样的铁杆好友不难感到，在失去维纳的友谊之后，这项实验结果更加深了皮茨的失落感。

皮茨曾经在写给麦卡洛克的信中透露："在过去两三年里，我注意到自己日渐抑郁与沮丧。造成正向的价值好像从世界消失，没有什么值得费劲去做，所有我做的事情或遭遇的情况，全都没什么要紧了。"现在人们对于抑郁症的认识比20世纪中叶进步许多，可以看出其实皮茨逐步陷入抑郁症的窘况。维纳与他的决裂以及蛙眼实验的打击，即使不是他抑郁症的起因，也相当程度恶化了他的病情。他开始酗酒并回避与朋友相聚，让人感觉他怪诞的地方不仅是不肯在博士论文上签名，后来甚至一把火把博士论文烧个干净。名义上皮茨还为麻省理工学院员工，但是他常常搞失踪，让朋友遍寻不见。莱特文说："眼看他把自己毁灭，真让人痛心。"

《财富》杂志推崇的科学新星皮茨，光芒就这么不堪地日渐黯淡下去。1969年5月14日皮茨孤零零地逝去，死因是肝硬化引起的食管静脉破裂。仅仅4个月后，与他情同父子的麦卡洛克在医院里安详往生。当皮茨接近生命的终点时，可能认为用逻辑建立大脑神经运作的理想，只是一场空欢喜的追寻。在皮茨身后，虽然心智哲学方面一直有所谓"连接主义"（connectionism）的主张，但是用计算机模拟神经网络受限于硬件计算能力的局限，长期难以大规模实现。直到2006年辛顿(Geoffrey Everest Hinton，1947—　)发表了一系列关于深度学习的论文，以及近年在硬件方面的革新精进，神经网络的复兴与荣耀终于来临。以深度学习为核心的人工智能应用，已经沁润日常生活的方方面面。正如北周庾信(513—581)《周五声调曲·征调曲·六》中所言："落其实者思其树，饮其流者怀其源。"在人工智能当道的时代，让我们不要忘却皮茨的创造，并应感谢他对人类文明的贡献。

哈代与李特尔伍德要合作先约法

现在学术机构审查新聘任、评职称或奖励时，如果代表作由多人通力完成，经常要求申请人写明自己贡献的比例，并且也要求合作者签署证明所言不虚。学术论文的创作过程，好像变成了商品的装配线，能够准确判定每个部门负责的百分比。我不确知实验科学是否真的可以做出这种切割，但是我认为数学研究以思考为主，如果有互动合作的事实，在最终成果里是很难区分与评价贡献的比例。譬如提出恰当问题，建议可行方向，联结上前人经验，这类关键性举动，会在转瞬间发生，然而落实它们的具体步骤，却可能需要日积月累的功夫。一旦健康、融洽以及自强不息的合作氛围形成后，研究论文自然是集体孕育的成品。硬要询问个别参与者贡献的比例，是空洞的形式主义问题。

在20世纪数学史里有一件值得称道的合作典范，那就是英国数学家哈代（Godfrey Harold Hardy，1877—1947）与李特尔伍德（John Edensor Littlewood，1885—1977）所建立的表率。19世纪英国在应用数学方面虽然有些成绩，但是与欧洲大陆强国比起来，纯粹数学方面就有点相形见绌。哈代与李特尔伍德从1912年开始携手合作，迅速地把英国的数学分析以及解析数论推到了国际前沿。他们在35年合作中所完成的百篇论文，深刻地影响了当代数学的发展。

先来说说哈代与李特尔伍德是什么样的人物。哈代的父母都是学校的教师，本身并没有受过大学教育。哈代从小就显示出数学方面的早慧，同时他在其他学科的成绩也都相当出众。19岁入学剑桥大学三一学院，很快就在数学竞试上出人头地。相对于欧洲大陆纯粹数学在19世纪的发展，当时英国数学界的风气仍然偏重数学的应用。哈代自学若尔当（Camille Jordan，1838—1922）在巴黎综合理工大学所授的分析学讲义，从中习得严谨的数学分析。他在1908年出版了《纯数学教程》（*A Course of Pure Mathematics*），这本极有影响力的教科书扭转了英国的数学风气。李特尔伍德曾说此书刚问世时，“犹如传教士对野蛮人传福音”，可想它发挥的革命性作用。此书至今未绝版，也证实了它的价值。

哈代虽非贵族出身，但是他对纯粹数学的溺爱与褒奖，颇有一些脱离群众的贵族气质。他认为50岁以后的数学家做不出来什么真正有影响的创新研究成果。当他迈过自己的创作高峰期后，只好从证明定理退而求其次来谈论数学。1940年，他出版了一本小书《一个数学家的辩白》(*A Mathematician's Apology*)，精彩地表达了非常有个人色彩的观点。例如他说："就像画家或诗人一样，数学家也是样式的制造者。如果数学家的样式更为持久，那是因为它们由理念所构成。"以及："整体来说，我们的结论是无足轻重的数学会有用，而真正的数学没用。"哈代从小极为害羞，终其一生也不善社交、冷漠以及有些古怪。他表示一辈子里最浪漫的经历是跟拉马努金的合作关系。他也表示他对于数学最大的贡献就是发掘了拉马努金。

再来看看李特尔伍德，他在个性上与哈代差别相当大。例如他写过一本《一个数学家的随笔集》(*A Mathematician's Miscellany*)，风格与哈代的《一个数学家的辩白》大异其趣。此书1986年新版改名为《李特尔伍德数学随笔集》，由剑桥的数学家伯洛巴施(Béla Bollobás, 1943—)撰写序言，他说："从各个方面来说，李特尔伍德都是令人印象非常深刻的人。他与一般人刻板印象中的数学家要多不像就多不像。他个子不高而且很强壮，是了不起的运动员。他在学校时是最棒的体操选手，擅长攀岩与游泳，板球也打得很强劲。他跳舞跳得好又热爱音乐，他读书破万卷，可以与人深入谈论任何话题。”李特尔伍德虽然长居剑桥三一学院未曾结婚，然而他有一位私生女，却长期对外伪称是侄女。李特尔伍德生命比哈代绵长，创作力更为强盛，涉及的领域也更为宽广。虽然他曾与多位数学家经常合作，日后最为人称道的还是他与哈代的长期合作。

丹麦数学家哈罗德・波尔（Harald Bohr，1887—1951，诺贝尔物理学奖得主尼尔斯・波尔的弟弟）在60岁庆生会的演讲里，提到一位同事曾经说：“现在只有三位伟大的英国数学家：哈代、李特尔伍德、哈代—李特尔伍德。”俨然把哈代与李特尔伍德当作一个合体。另外有一个故事说，在一场研讨会上李特尔伍德遇到一位德国数学家，那位数学家表示非常高兴发现真正有位李特尔伍德，否则他还以为那只是哈代用的一个笔名，专门发表一些比较不重要的论文时才使用。李特尔伍德听完不仅没有生气，还捧腹大笑不已。

哈罗德・波尔在庆生演讲里还说，哈代与李特尔伍德为了防止长期合作有可能限制个人自由，事先特别约法四条，并且戏称为“公理”。在他们二人的著作中好像没有记录过这些“公理”，以下是他们的好友哈罗德・波尔所做的描述：

第一条：当一人写信给另一人时（他们宁愿用书面而非

口头来交换想法），所写的东西是对是错都没关系。因为只有如此，才能尽情抒发，避免承受不能出错的压力。

第二条：当一人收到另一人的来信后，没有必须阅读的义务，当然更没有必须回复的义务。因为收信的一方当下可能不想工作，或者正在研究其他的问题而不愿分心。

第三条：两人同时思考同样的细节虽然无伤大雅，但是两人最好是分进合击。

第四条也是最重要的一条：由两人联名发表的论文，不计较个别的贡献多寡，甚至允许其中一人毫无贡献。因为若非如此，就有可能为推辞署名而不时发生摩擦。

哈罗德·波尔的结论是："我可以很有把握地说，极少数或者从来没有，如此重要又和谐的合作关系是建立在看起来这么负面的约法上的。"哈代与李特尔伍德能始终不渝地信守约法，终生珍惜成果分享的情谊，证明他们是纯真与热忱地探索知识，而未曾偏离到追求名望与利禄的歧路。

科学界里合作关系变质的例子，也不罕见。在华人世界里，最引人瞩目的就是诺贝尔物理学奖得主杨振宁与李政道的停止合作。为了到底是谁最先发现宇称不守恒，两人各执一词针锋相对。杨振宁的立场通过江才健为他撰写的传记《规范与对称之美》和盘托出，而李政道则用《宇称不守恒发现之争论解谜》一书为自己辩解，其中甚至把两人的分道扬镳夸张为“中华民族的一个很大的悲剧”。

其实对于人类知识而言，1956年李政道、杨振宁二人联名发表的《弱相互作用中的宇称守恒质疑》一文，彻底改变了物理学家对于某些自然律的看法，至于宇称不守恒最先出自谁口并不绝对重要。李政道、杨振宁没有类似哈代与李特尔伍德的约法，若非在彼此相互启发的情境中达成突破，应该可以只由一人发表论文。相信将来在历史上，宇称不守恒永远与李政道、杨振宁二人的名字联系在一起。

笼罩拉马努金的那些道阴影

5

2020年4月26日是数学史上最神奇的天才拉马努金(Srinivasa Ramanujan，1887—1920)的百年忌日，他给世界留下了极为丰富的知识遗产，令人惋惜的是他的生命只有短暂的32年。拉马努金创造出许多超越同时期数学家的成果，但是因为他没有接受过正规数学教育，研究方法显得比较古老，因此在他身后的一段岁月里，名声只在专家的小圈子里流传。1976年美国宾州州立大学教授安德鲁斯(George Andrews，1938—　)在剑桥大学图书馆发现了拉马努金遗留的手稿，类似于先前公开过的两大本笔记，这本“遗失的笔记”写满神秘数学式子却没有证明细节，因此重新引起数学界研究拉马努金的热潮。时至今日，拉马努金的思想甚至花开叶散到统计力学、粒子物理、弦论、计算机代数、密码学及图论等领域。对于拉马努金这种绝世天才的学术成就，常人也许只能膜拜而无力理解。但是作为血肉之躯，天才的人生也难免有各式各样的阴影，倒让我们有机会将心比心加以贴近。

印度东南部的商业与行政中心清奈（Chennai）在1996年以前名为马德拉斯（Madras），由英国殖民者于17世纪所建立。1913年1月16日马德拉斯的一位小职员给英国剑桥大学著名数学家哈代寄出一封信，首尾分别是这么写的：

“请容我自荐如下，在下为马德拉斯港务信托处会计室职员，年薪仅20英镑。今年约23岁，未受大学教育，但曾就读于一般学校。自毕业之后，利用公余闲暇钻研数学。虽未按部就班学习大学正规课程，却能自辟蹊径。特别是广泛研究发散级数，本地数学家咸认所得结果‘出人意表’。”

“恳请您审阅所附论文。倘若您确信其中有任何价值，因我贫穷，请助我将定理予以发表。我虽未提供研究详情与完整结果，然已勾勒出探索的轮廓。又因我缺乏经验，您能给的任何建议，均将万分珍惜。”

写信者拉马努金出生于1887年12月22日，其实他当时已经25岁。这封长达11页的来信包含约120条看似奇怪而难懂的公式。例如下式无穷个正数加起来成为负的分数，难道不是显然错误的吗？

$$1+2+3+4+\cdots=-\frac{1}{12}。$$

哈代与好友李特尔伍德彻夜研读了拉马努金的结果，从那些奇妙而不知何处导来的式子里，窥见了一位不世奇才。哈代甚至向罗素（Bertrand Russell，1872—1970）炫耀自己发现了第二个牛顿。

哈代在2月8日回复拉马努金的信中，催促他赶快寄来完整的证明。拉马努金在2月27日给哈代的第二封信中说：

“在目前阶段，只希望求得像您如此有声望的教授肯定我确有一些价值。我已经是食不果腹的人了，如要保持头脑灵活，我需要食物，也正是目前的首要考虑。您鼓励我的片语只字，都有助于我获得此地大学或政府的奖学金。”

这回拉马努金又增加了一些公式，但是仍然没有提供证明。使得哈代在3月26日的回信里，甚至做出如下的辩解：

“李特尔伍德先生提醒我，你不愿意提供证明的理由，可能是顾忌我如何使用你的成果。我很坦率向你表白，你手中已经掌握三封我给你的长信[1]，其中我明确地说到你已证明，或者宣称有能力证明的结果。……很显然如果我企图不当使用你的成果，你将十分容易揭发我。我相信你会包含我

1 其实拉马努金只收到两封。

如此直率的表态：如果我不是真实而迫切地想看到如何协助你谋求更好的机会，使得你能够一展明显的数学天赋，我就不会做这一切了。”

在西方学术界的传统或习气中，非常计较谁最先做出什么结果，不时为争夺优先权发生纠纷，最著名的有牛顿与莱布尼茨关于发明微积分的争议。但是拉马努金根本没有接受过西方学术界的洗礼，简直就是化外之民，他对于得出精彩结果的兴致，显然高过记录推算的步骤。拉马努金在印度只自学过五本数学书：一本三角学、两本微积分、一本椭圆函数，以及最主要的卡尔（G. S. Carr，1837—1914）所编写的《纯粹数学初等结果概要》（*A Synopsis of Elementary Results in Pure Mathematics Containing Propositions, Formulae, and Methods of Analysis, with Abridged Demonstrations*），此书罗列4 865条公式而鲜少附加证明，从下面两图约略可看出此书的风格。以拉马努金的数学天赋，循序渐进确实有可能补足公式成立的道理，他或许是从这本书见闻习染了列出结果却省略证明的做法。

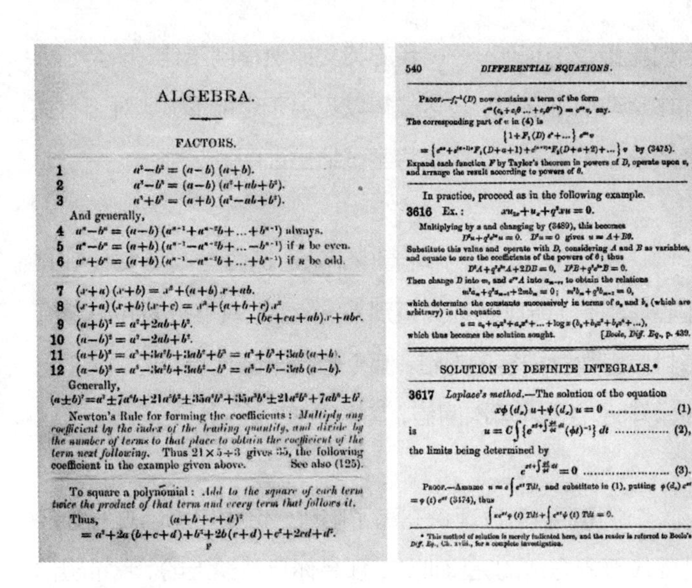

ALGEBRA.

FACTORS.

1 $a^2-b^2=(a-b)(a+b)$.

2 $a^3-b^3=(a-b)(a^2+ab+b^2)$.

3 $a^3+b^3=(a+b)(a^2-ab+b^2)$.

And generally,

4 $a^n-b^n=(a-b)(a^{n-1}+a^{n-2}b+\ldots+b^{n-1})$ always.

5 $a^n-b^n=(a+b)(a^{n-1}-a^{n-2}b+\ldots-b^{n-1})$ if n be even.

6 $a^n+b^n=(a+b)(a^{n-1}-a^{n-2}b+\ldots+b^{n-1})$ if n be odd.

7 $(x+a)(x+b)=x^2+(a+b)x+ab$.

8 $(x+a)(x+b)(x+c)=x^3+(a+b+c)x^2+(bc+ca+ab)x+abc$.

9 $(a+b)^2=a^2+2ab+b^2$.

10 $(a-b)^2=a^2-2ab+b^2$.

11 $(a+b)^3=a^3+3a^2b+3ab^2+b^3=a^3+b^3+3ab(a+b)$.

12 $(a-b)^3=a^3-3a^2b+3ab^2-b^3=a^3-b^3-3ab(a-b)$.

Generally,

$(a\pm b)^7=a^7\pm 7a^6b+21a^5b^2\pm 35a^4b^3+35a^3b^4\pm 21a^2b^5+7ab^6\pm b^7$.

Newton's Rule for forming the coefficients: *Multiply any coefficient by the index of the leading quantity, and divide by the number of terms to that place to obtain the coefficient of the term next following.* Thus $21\times 5\div 3$ gives 35, the following coefficient in the example given above. See also (125).

To square a polynomial: *Add to the square of each term twice the product of that term and every term that follows it.*

Thus, $(a+b+c+d)^2$

$=a^2+2a(b+c+d)+b^2+2b(c+d)+c^2+2cd+d^2$.

F

540 *DIFFERENTIAL EQUATIONS.*

PROOF.—$f_r^{-1}(D)$ now contains a term of the form

$$e^{a\theta}(c_0+c_1\theta\ldots+c_r\theta^{r-1})=e^{a\theta}v,\text{ say.}$$

The corresponding part of u in (4) is

$$\{1+F_1(D)e^{\theta}+\ldots\}e^{a\theta}v$$
$$=\{e^{a\theta}+e^{(a+1)\theta}F_1(D+a+1)+e^{(a+2)\theta}F_2(D+a+2)+\ldots\}v\ \text{ by (3475).}$$

Expand each function F by Taylor's theorem in powers of D, operate upon v, and arrange the result according to powers of θ.

In practice, proceed as in the following example.

3616 Ex.: $xu_{2x}+u_x+q^2xu=0$.

Multiplying by x and changing by (3489), this becomes

$$D^2u+q^2e^{2\theta}u=0.\quad D^2u=0 \text{ gives } u=A+B\theta.$$

Substitute this value and operate with D, considering A and B as variables, and equate to zero the coefficients of the powers of θ; thus

$$D^2A+q^2e^{2\theta}A+2DB=0,\quad D^2B+q^2e^{2\theta}B=0.$$

Then change D into m, and $e^{r\theta}A$ into a_{m-r}, to obtain the relations

$$m^2a_m+q^2a_{m-2}+2mb_m=0;\quad m^2b_m+q^2b_{m-2}=0,$$

which determine the constants successively in terms of a_0 and b_0 (which are arbitrary) in the equation

$$u=a_0+a_2x^2+a_4x^4+\ldots+\log x\,(b_0+b_2x^2+b_4x^4+\ldots),$$

which thus becomes the solution sought. [*Boole, Dif. Eq.*, p. 439.

SOLUTION BY DEFINITE INTEGRALS.*

3617 *Laplace's method.*—The solution of the equation

$$x\phi(d_x)u+\psi(d_x)u=0 \ \ldots\ldots\ldots\ldots (1)$$

is

$$u=C\int\{e^{xt+\int\frac{\psi t}{\phi t}dt}(\phi t)^{-1}\}dt \ \ldots\ldots\ldots\ldots (2),$$

the limits being determined by

$$e^{xt+\int\frac{\psi t}{\phi t}dt}=0 \ \ldots\ldots\ldots\ldots (3).$$

PROOF.—Assume $u=c\int e^{xt}Tdt$, and substitute in (1), putting $\phi(d_x)e^{xt}=\phi(t)e^{xt}$ (3474), thus

$$\int xe^{xt}\phi(t)Tdt+\int e^{xt}\psi(t)Tdt=0.$$

* This method of solution is merely indicated here, and the reader is referred to Boole's *Dif. Eq.*, Ch. xviii., for a complete investigation.

哈代的回信多少有点伤到拉马努金的自尊，他在4月17日给哈代的信中辩解道：

“经李特尔伍德先生建议而您写下的表白，有些令我感受刺痛。我一点都不担忧别人使用我的方法。恰好相反，在过去8年中我掌握了这些方法，却没有找到任何能理解的人。在前封信中我表示过，您是位产生共鸣的友人，因此我愿意将区区所得，尽皆交付与您。正因为我使用异于寻常的方法，使我即使现在仍怯于传达我是如何沿着自己的路径，获得那些已经告诉过您的结果。不过在这封信里，我将尝试给出你们能接受的证明。……我的英文纯熟程度不佳，以至于很难在整理思路之后，表达成得以见容于您的形式。对于有关素数分布的公式，这次我将尝试给出证明。”

从拉马努金的信中可看出，无论是数学或英文他都存在心理阴影，所以特别渴望别人的肯定。其实分析拉马努金每封信里数学内容的对错，都令哈代十分耗费心力。几乎到1914年底哈代才再次回信，其中说道：

“说实话，素数理论充满了陷阱，想要克服困难必须经过现代严密方法的完整训练，那是你自然缺乏的。我希望你不要因我的批评而丧气。我认为你的论证非常突出又具创意。你证明了你曾宣称获得证明的结果，就已经是整个数学史上最了不起的数学成就了。”

其实在哈代之前，拉马努金也曾写信给另外两位教授求取认可，但是他们都以为来信者未受正规训练，不值得加以回应。拉马努金终于找到哈代这位贵人，经由哈代及多方面协助，1914年3月17日拉马努金离开了印度，于4月14日抵达英国，从此展开了一段数学史上最传奇的合作关系。

拉马努金抵达英国不久后就爆发了第一次世界大战，

包括李特尔伍德在内不少剑桥师生都离校参加抗战。在这种氛围里，拉马努金除了感觉寂寞，还要适应文化上的差异，以及英国的寒冷天气。根据剑桥一位印度朋友回忆，曾看见拉马努金在宿舍烤火，便问他睡觉时够不够暖和？拉马努金说要穿大衣裹围巾。朋友见床上几层毛毯都平整铺妥，而上面覆盖的白布单却有用过的痕迹。原来拉马努金不知道英国人的习惯，要把毛毯揭开将身子钻进去，他却盖着白布单和衣而眠。

在印度的种姓制度里，拉马努金的家族属于婆罗门，因此他是坚定的素食者，也使他在英国的生活平添了非常多的困难。学院餐厅的大厨根本不会做印度式素食，即使他们能烹调一些蔬菜，拉马努金还嫌锅具已经沾染过荤油，结果他只好自己准备饭菜。适合他的食材不要说战时，就是平时也不容易在剑桥购得，所以他的营养就很难获得充分补充。另外，剑桥学者主要进行交流的场合是学院餐厅，然而因为拉马努金的素食习惯，他从来不曾现身餐厅。这也令他更加孤立，从而不时产生沮丧与抑郁的情绪。另外，拉马努金经常废寝忘食钻研数学30个小时，然后蒙头大睡20个小时。这种不利于健康的作息方式，更是逐渐损害了他的身体。

根据哈代的追忆，1917年春季，拉马努金的健康开始出现问题。他在夏季进入剑桥一家疗养院，之后就不曾长时间脱离病床。他辗转住过好几处疗养院，直到1918年秋季病况才有些好转。这期间，拉马努金的心理健康也让朋友担心，他甚至在1918年2月跳下伦敦地铁轨道企图自杀，幸好车子及时煞住未酿成悲剧。在居住疗养院的时期，拉马努金不愿改变口味浓重的马德拉斯素食，很不利于健康的恢复。他的一位好朋友拉马林干（Alampadi Subbaraya Ramalingam，1891—1953）在1918年1月23日给拉马努金的信中说："你那么坚持自己的口味让我印象深刻。在铲除自己口味，或者固守口味而铲除自己之间，你必须做出选择。你必须使自己喜欢麦片粥、燕麦、奶油等。有人建议我劝你少吃腌制食物与辣椒。"为了拉马努金的迅速康复，他的朋友要他"讲理一些，别固执了"，甚至建议他吃鱼肝油。然而拉马努金继续我行我素。拉马努金在英国的病历现在都已不存在，后人从亲友存留的信件中可梳理出一个轮廓。最早医生怀疑他有消化道溃疡，后来多半按照肺结核来治疗。1918年11月哈代的信中又说，医生们的共识是他感染了来源不明的脓血症。

1919年2月27日拉马努金终于登上轮船，告别停留了5年的英国。朋友们都希望他能在印度温暖天气以及可口食物的调养下，彻底恢复健康。遗憾的是拉马努金返国后不久宿疾再发，除了断断续续的高烧之外，有时还伴随剧烈的胃痛。虽然太太嘉娜奇·阿玛尔(S. Janaki Ammal, 1899—1994)尽心尽力照顾他，他仍然不幸英年早逝。拉马努金生前一直无法被确诊到底得了什么病，根据一项1994年的分析，他极可能早年感染了肝阿米巴虫。以1918年的医疗水平而言，这是一种不易正确诊断的致命疾病。治疗他的医生在他过世第二天的日记里写下：

“如果拉马努金能遵照我的医嘱，1920年4月26日的死亡其实有可能避免……他染病初期遭受了轻忽——也许是他周边的人知识不足的关系……令人悲痛的是，好几次他告诉我他已经丧失了活下去的意志，他也告诉我其实不应该回印度了。”

拉马努金在1909年7月14日与9岁的嘉娜奇奉母之命举行婚礼。到1912年嘉娜奇进入青春期后，他们才真正同居生活。回忆起拉马努金由英国返家后卧病在床，嘉娜奇说：“我有幸能定时服侍他米饭、柠檬汁、牛奶等食品，当他感觉疼痛时帮他热敷腿部与胸部。我还保存着当初用来盛热水的容器，它们让我想起当年的情景。”研究拉马努金数学遗产的专家伯尔尼特(Bruce C. Berndt, 1939—　)曾在1984年拜访嘉娜奇，当时嘉娜奇告诉他拉马努金回家

第一句话就是应该带太太去英国的，如果有太太在身边烹饪与照顾，他的饮食与睡眠就不会漫无章法。后期生活中缺乏坚实的支撑力量，也许是笼罩拉马努金人生的最深阴影。

推波助澜更待谁的戴森

⑥

戴森（Freeman Dyson，1923—2020）是我最喜爱的科普作家，原因有三：其一是戴森的专长横跨基础数学与理论物理，虽然是美国普林斯顿高等研究院象牙塔里的教授，但他热爱世事，乐于参与工程计划及社会教育活动。其二是他倡议科学里异端者存在的重要性，不仅敢挑战正统或流行的看法，且勇于以切要的哲学洞识与活泼的想象力提出对科技发展的反省与预测。其三是戴森保有英国知识分子优异古典文化素养的传统，以诗意的笔触旁征博引，文风如行云流水倜傥起伏，阅读他的作品真是一场心智飨宴。

美国数学学会于2005年设立的“爱因斯坦数学普及讲座”，2008年10月原应由85岁高龄的戴森主讲，可惜后来因为健康原因取消。所幸他的讲稿《鸟与青蛙》在《美国数学会通讯》中刊出，让我们得以理解他对数学研究风貌的总体看法。戴森说有些数学家像鸟，高高地飞在空中，可以关照到大片的数学天地，他们喜欢具有整合性的概念，能把表面上看起来相距甚远的领域统一起来。还有一些数学家像青蛙，栖息在地上的泥塘，只看得见周遭生长的美丽花朵，他们喜欢钻研个别事物的细节，一次解决一个问题。

虽然戴森自认属于青蛙，但他演讲中所要强调的是，数学既需要鸟也需要青蛙。他说："数学是伟大的艺术，也是重要的科学，因为它结合了概念的宽阔性与结构的深刻性。如果因为鸟看得更远，便说鸟比青蛙好，或者因为青蛙看得更深，便说青蛙比鸟好，都是很愚蠢的态度。数学的世界既广也深，我们需要鸟与青蛙共同携手来探索。"

1941 年戴森初入英国剑桥大学就读，成为贝西科维奇(Abram Besicovitch, 1891—1970)的学生。贝西科维奇是有名的俄国流亡数学家，更是一位标准的"青蛙"。他曾经解决日本数学家挂谷宗一(Soichi Kakeya, 1886—1947)提出的难题：在允许滑动的情况下，若要把单位长的直线段于平面里旋转一周，所需扫过的面积最小值为何？贝西科维奇出人意表地证明，可以找到任意小面积的区域，让单位长的直线段在内旋转一周，因此挂谷宗一所追求的最小值并不存在。这个看似初等的几何问题，推广到高维空间时其实内蕴深不可测。

戴森承认自己一生研究的风格，深深烙印了贝西科维奇的青蛙特色。这种从乍看不起眼的问题上手，却能一路发掘出极深刻结构的探索历程，处处显现了自然让人诧异的奥妙联结。戴森还大胆提出挑战年轻青蛙的问题，其一是如何完整分类一维的准晶体（quasi-crystal），然后从分类的结果来证明著名的黎曼猜想。其二是为什么混沌现象在宇宙里处处可见，但都是以弱形式存在？也就是说动力系统的轨道开始时非常容易分道扬镳，但是不久彼此的距离却总约束在一定的范围里。

能被戴森明白归类为鸟或青蛙的数学家，其实都是了不起的数学家。我们一般靠数学吃饭的学者，虽然个别可能有鸟或青蛙的倾向，但是既没有足够的高度鸟瞰大片的领域，也没有足够的深度解决著名难题。大部分数学家恐怕只能归属为猴子，爬上爬下荡来荡去。当攀爬到丛林顶端时，也许能窥视天地的辽阔；当降落地面行走时，多少也能欣赏花草的曼妙。

戴森56岁时写了第一本以非专业读者为对象的书《宇宙波澜》（*Disturbing the Universe*），此后30余年间又出版过多本这类书，然而此书“字字发自肺腑，比其他几本书投注更多的心血与情感”。如果只允许一本书流传后世的话，他会选择这本。戴森的成就跨越数论、量子电动力学、固态物理、天文物理、核子工程、生命科学等。他曾经表示在追求科学真理的道路上，并没有恢宏的蓝图，看到喜欢的问题与素材就拥入怀抱，应属“解决问题的人，而非创造思想的人”。这是戴森自谦的说法，他其实已是发扬科学文化的思想大师。“科学文化”比一般简化科学知识、引起民众兴趣的“科普”范围更为广泛，这种写作把科学纳入文化的脉络，带领读者以宏观视野与人文关怀，观察、检讨、评估、预想科学对于人类的深刻影响。

《宇宙波澜》序言引述了两位物理学家的对话，西拉德（Leo Szilard，1898—1964）告诉贝特（Hans Bethe，1906—2005）他有写日记的念头：“我并不打算出版日记，只是想把事实写下来，给上帝参考。”贝特反问他：“你不认为上帝知道一切事实吗？”西拉德回答：“他知道一切事实，但是他不知道我这个版本的事实。”《宇宙波澜》恰是渲染了戴森个人色彩的记忆手札，而不是完整的自传，例如戴森并未在情感生活上有所着墨。

戴森很早便显现数学天赋，某次假期里他埋首演练微分方程问题，以致与周边活动疏离。戴森母亲并不鼓励他过度沉浸于功课之中，因此讲《浮士德》的故事给他听，强调浮士德最终的救赎来自同舟共济的行动，在投身超越一己的崇高使命后才获得喜乐。母亲告诫他绝不要忘却人性：

“当你有朝一日成为大科学家时，却发现自己从来没有时间交朋友。这样的话，就算你证明出黎曼猜想，如果没有妻子、儿女来分享你胜利的喜悦。又有什么乐趣呢？”戴森母亲的话，不仅是他一生学术工作的精神指引，而且在一般科学工作者听来也应感觉醍醐灌顶。

戴森在剑桥大学求学时主修数学，不过也跟老师学会了许多物理学家都不熟悉的量子场论。秉持这项优势，他在24岁投身美国康奈尔大学物理系贝特教授门下。经过短暂的一年，“得到理想的量子电动力学，既有着施温格（Julian Schwinger，1918—1994）的数学精确，又有费曼（Richard Feynman，1918—1988）的弹性。”1985年施温格、费曼、朝永振一郎（Sinitiro Tomonaga，1906—1979）共同获得诺贝尔物理学奖，杨振宁曾经为戴森打抱不平说：“我就认为，诺贝尔委员会没有同时承认戴森的贡献而铸成了大错。直到今天，我仍然这么认为。朝永、施温格、费曼并没有完成重正化纲领，因为他们只做了低阶的计算。只有戴森敢于面对高阶的计算，并使这一纲领得以完成。……他对问题做了深刻的分析，完成了量子电动力学可以重正化的证明。他的洞察力和毅力是惊人的。”

虽然戴森因完成重正化纲领而声名鹊起，但他从来不吝啬赞美别人，在《宇宙波澜》第二部的头几章里，他将几位物理学史上的英雄，描写得栩栩如生，其中样貌最突出的包括费曼、奥本海默（J. Robert Oppenheimer，1904—1967）、泰勒（Edward Teller，1908—2003）。

戴森对于费曼的追忆具有喜剧色彩。他曾说去美国留学并不预期碰上一位物理学的莎士比亚，但是费曼这位"半是天才，半是丑角"的青年教授，却让他像琼生（Ben Jonson，约1572—1637）景仰莎士比亚一般，全心全意学习费曼的思考方式与物理直觉。社会大众的目光之所以会聚焦于费曼，多半是因为《别闹了，费曼先生》（*Surely You're Joking, Mr. Feynman!*）特别畅销。但是《宇宙波澜》比该书早6年出版，已经为费曼的登场做了最吸引眼球的宣传。

关于奥本海默与泰勒的故事，多少有点悲剧成分。跟费曼那种不拘小节口无遮拦的美国人形象相比，奥本海默像是背负厚重西方文化传统的粗英分子，"糅合了超然哲学与强烈企图心、对纯粹科学献身、对政治世界的娴熟与灵活手腕、对形而上诗词的热爱，以及说话时故弄玄虚、好作诗人风流倜傥状的倾向。"奥本海默因为领导研制原子弹立下大功，所以登上了《时代》与《生活》杂志封面，成为美国人景仰的英雄。他后来卷入政府内部的权力斗争，在麦卡锡猎巫时代从云端跌落凡尘，只能单纯担任普林斯顿高等研究院院长。奥本海默大胆延聘29岁没有博士学位的戴森为教授，以期栽培出另一位波尔或爱因斯坦，可是戴森自我检讨认为费曼应该会是更恰当的人选。事实上，费曼曾经婉谢高等研究院的延聘，他需要教书的舞台来发光发热，没有兴趣窝在像修道院的地方苦思冥想宇宙真理。出版过杨振宁传记的知名科技媒体人江才健曾在1996年拜访过戴森，问他为什么自1953年来到高等研究院就终生停留在这个修道院，戴森回答说："我不是一个帝国的建造者。"

泰勒故事的悲剧成分，本质上与奥本海默颇为类似。他们分别达成制造原子弹与氢弹的目标后，各自寻求政治力介入，以确保自己建立的事业不落入不当人士手中。最终奥本海默获得学界的赞许，却从权力场上彻底溃败。泰勒虽然在斗争中取得上风，但因为他对奥本海默不利的证词，令学界羞于为伍。戴森引用了不少诗句描述奥本海默，恰如其分反映出奥本海默的风格。在回忆泰勒的末尾，通过无意中听到有如父亲弹奏的悠扬琴韵，也还原了泰勒灵魂深处哀感的真情。

"我真敢掀起宇宙的波澜吗？"是艾略特（T. S. Eliot，1888—1965）的诗句，也是《宇宙波澜》书名的来源，透露了戴森有勇气、有想象力，预见生命向宇宙的扩散。戴森从8岁起就爱阅读脍炙人口的科幻小说，幻想未来便成为他自小的嗜好。他把未来作为镜子，“用这面镜子将当前的问题与困境推向远方，以更宽宏的视野来关照全局。”戴森推测绿色科技将协助人类向外层空间移民，而且还有各式各样物种顺道迁移。一旦这些物种站稳脚步，便会迅速扩张，进一步多样化。为了使这些物种适应其他星球环境，有必要使用基因工程改良它们的性质。然而操作基因的本领，使得科学家几乎有扮演上帝的能力，这又是一次浮士德式的诱惑，很难让人不因滥用能力而丧失理智。戴森除了维护生物学家探究基因工程的自由，也认为应该“严格限制任何人擅自撰写新物种程序”。

1992年戴森曾经演讲《作为叛逆者的科学家》(*The Scientist as Rebel*)，2006年还以此题目为文集命名。戴森认为每种“科学应该是这个样子”的规范性教条，科学家都应该加以反叛。虽然戴森重视“叛逆者”的重要性，但他毕生投身科学的研究、反思与普及工作，动机并非出自变革世界的野心，而是对大自然的虔心赞叹。

园丁之子解码英雄塔特

2014年经过卖座电影《模仿游戏》的渲染，英国数学家图灵被描绘成破解“恩尼格玛”（Enigma）密码机的头号英雄。二战时因为同盟国破解了“恩尼格玛”，所以在战事上有所斩获，但并没有立刻逆转局势。原因出在“恩尼格玛”的功能只是把明文加密，密文则另需以摩斯码传出。其实德军的密码还有用“洛伦兹”（Lorenz）机加密，搭配电传打字机直接传送的博德（Baudot）码，对于破解这种希特勒用以指挥前线高级将领的密码，图灵的贡献并不大。

“恩尼格玛”由德国工程师谢尔比乌斯（Arthur Scherbius，1878—1929）在一战末尾时所发明，1923年开始商业销售。德国军方购买了谢尔比乌斯的机器，并且加以改造，使得德军相信在敌方不知道内部结构的情形下，它所编制的密码近乎永无可能破解。从1928年开始，波兰的情报单位就截获德军的无线电密码信息。最初没有头绪该如何破解，直到1932年他们雇用了瑞叶夫斯基（Marian Rejewski，1905—1980）等三位数学系刚毕业的年轻人，运用数学理论协助解密。经过一番努力，并且也从法国地下工作者取得部分德国密码的情报，波兰方面终于成功破解“恩尼格玛”。但是后来英国要解的“恩尼格玛”更为复杂，波兰数学家把解密的成果，经由法国情报系统的转介，都交给了英方，这对于图灵破解升级版的“恩尼格玛”颇有帮助。

涉及波兰、法国、英国联合破解“恩尼格玛”的文件，到2016年才完全解密，而且波兰方面的档案损失最为严重。图灵的侄子德莫特·图灵（Dermot Turing，1961— ）花费了很大的精力，除了官方文件之外，还搜寻私人间的通信，终于在2018年出版了《X, Y, Z：破解恩尼格玛的真实故事》（X, Y & Z: *The Real Story of How Enigma Was Broken*），其中X, Y, Z分别是法国、英国、波兰的代码。至于“洛伦兹”加密机的构造，英国情报单位在二战时期一直毫无概念，解码的困难度更甚于图灵面临的“恩尼格玛”。

破解“洛伦兹”的英雄人物是塔特（William Tutte，1917—2002）。他出身劳动家庭，父亲是园丁，母亲是厨师兼管家。塔特从小学就显现聪慧的资质，他特别喜欢阅读学校图书室里那套儿童百科全书。高中时他得到奖学金的资助，前往16英里[1]外的学校就读，经常需骑着别人捐给他的脚踏车长途跋涉。因为在校成绩特别优异，他又获得了奖学金去剑桥大学三一学院攻读自然科学，并且以化学为主修。他在中学时就喜欢数学游戏，因此加入三一学院的数学会，结交了三位好友：布鲁克斯（Leonard Brooks，1916—1993）、史密斯（Cedric Smith，1917—2002）、斯通（Arthur Stone，1916—2000）。他们四个人联名写的文章，还取了一个笔名叫布蓝奇・笛卡儿（Blanche Descartes）。1936年到1939年之间，他们沉迷于寻找"完美正方形"的问题，就是问有没有一个正方形，它可以分割成有限个小正方形，而且任何两个小正方形的边长都不同？"剑桥四人帮"出人意料地使用电路理论以及基尔霍夫（Kirchhoff）定律完成了分割。虽然德国数学家史普拉格（Roland Sprague，1894—1967）稍早发现一个完美正方形的特例，但是塔特他们所开展的一般性理论，对于离散数学后来的发展产生了更深的影响。下图为荷兰数学家地尤威斯坦（A. J. W. Duijvestijn，1927—1998）在1978年发现的边长为112的完美正方形，它可以分割成21个相异的小正方形，也被拿来作三一学院数学会的标志。

1 英里≈1.6千米。

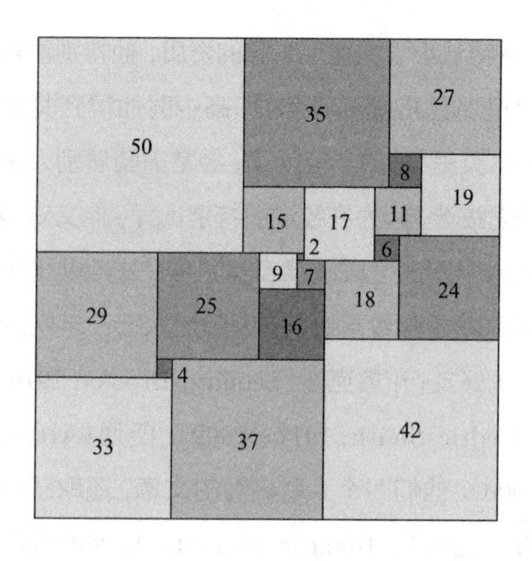

因为塔特解答数学谜题的出色本领，1941年老师推荐他去位于布莱切利庄园（Bletchley Park）的破解密码总部。1941年8月30日英国监听到由希腊雅典传往奥地利维也纳的博德码，因为天气影响电文的正确性，维也纳要求雅典重新发送信息。第二次传送信息时，加密程序未按规定更新，却变动若干标点符号并夹带常用词的缩写。这些不谨慎的举动，成为英国解码者梦寐以求的良机，他们在两周内就解开了这段4 000字的电文。如何从破解的电文，推敲出“洛伦兹”的功能构造，这项艰巨的工作便交给了塔特。他发现了有41个符号反复出现的样式，因此推断第一枚密码转轮应该有41个齿。经过几个星期，凭借聪明才智以及敏锐的直觉，在没有见过“洛伦兹”实物的情形下，塔特居然正确地推出12个密码转轮的状况。相比起来“恩尼格玛”只有3个转轮，而且图灵还看过波兰人捕获的密码机实物，塔特所完成的任务远比图灵更加困难。在二战接近尾声时，英国终于掳获一台“洛伦兹”机，经过检查后证实它的逻辑架构跟塔特分析的完全相同。这不仅是解码的辉煌胜利，更证明了数学的强大威力。

后来塔特还使用统计学来设计算法，尝试分析不曾重复传送的单一电文。这种工作的计算量已非人力所能负荷，所幸天才型工程师佛劳尔斯（Tommy Flowers，1905—1998）制造出世界上第一台可以使用程序的真空管计算机“巨人”（Colossus），来执行塔特的算法。同盟国从这套系统获得的重要情报，是在多个战场上制胜的秘诀。特别是希特勒对于“洛伦兹”的绝对保密性有完全的信心，他与前线的高级指挥官的通信都通过“洛伦兹”来传达。因为“洛伦兹”的破解，艾森豪威尔将军得知希特勒确认英美盟军将从加莱登陆，结果转向诺曼底登陆而战胜德军。图灵的解密工作协助英国打赢了1941年的大西洋之战，但是塔特的贡献使欧战至少早结束两年，因而拯救了大量生命。因为冷战接踵二战而来，译码工作的始末也列入国家机密，以致塔特的贡献长久不为英国人民所知。2011年英国广播公司播出布莱切利庄园的纪录片，塔特才获得一些知名度。在他逝世10年之后，英国首相卡梅伦代表国家致函他的家族，表达对他的感谢。塔特是位内敛温润的绅士，与妻子幸福美满地度过了一生，恐怕不会有人为他拍摄类似《模仿游戏》的煽情影片。

战后塔特回到剑桥大学攻读数学博士，把“拟阵论”（matroid theory）从一组边缘的概念，发展成离散数学里博大精深的体系。获得学位后他前往加拿大，先后任教于多伦多大学与滑铁卢大学，直到1985年才退休。他在图论（graph theory）方面做出的很多开创性的结果，是学习者必读的经典定理。一位园丁的儿子，终于耕耘出花团锦簇的图论园林。

从数学到哲学的王浩

8

1995年5月13日王浩先生因淋巴癌病逝于纽约，中国人在西方哲学方面，真正能登堂入室卓有建树的大师陨落了。与王先生接触过的人，都会感受到他那种赤子之心，那种可以“欺之以方”的君子式纯真。然而他在专业上的成就，不论是数理逻辑还是哲学，却也应了曲高和寡的说法。虽然他在1983年曾获“自动定理证明里程碑奖”，不过奖赏的事迹，可能只算是他诸多成就中最接近人间俗世的一项。王浩先生还留下太多等待我们细细咀嚼的思想珍馐，也许经过未来学子努力消化后，才能真正品味出他为我们的精神文明增添了多少滋养。

1987年4月底到5月中旬，王浩先生应“中研院”吴大猷院长的邀请来台访问，王浩先生是吴院长在西南联大时的高才生，吴院长非常重视王浩先生的来访。当时我担任数学所的代理所长，而且我的博士论文正是研究数理逻辑的主题，因此吴院长交代我负责安排王浩先生的行程与活动。其实我对王浩先生景仰已久，回想在1968年左右，我还是台湾大学数学系的学生，因为自己从初中开始对人的思想能力问题产生兴趣，慢慢便摸索到逻辑学的天地。有一次在图书馆中发现一本又厚又大的英文书《数理逻辑综论》(*A Survey of Mathematical Logic*)，作者是Hao Wang (王浩)，这本书是由北荷兰出版公司与科学出版社联合出版的。再一看内容琳琅满目、博大精深，当时我几乎嚼都嚼不动，倒是作者英文水平的高超让我佩服之至。自此之后，这个一看就是中国人的名字，便深深印在我的脑海里。

在王浩先生那次来访中，我和他相处的机会很多，他的言谈风范一直让我记忆犹新。王浩先生和人论学非常谦虚诚恳，可是他对那些空言无物又矫揉造作的人，即使是号称权威的大牌，也不耐烦虚与委蛇。最让我印象深刻的是，王浩先生曾教诲我学习不要理会(disregard)，应把有限的资源(无论是精力、时间、还是金钱)专注于精选的对象上，然后追求最丰盛的收获。我向他请教的事物里，最感兴趣的是王浩先生由数学转往哲学的心路历程，以及他在数学基础与哲学方面的一些基本想法。

1987年王浩来台访问时与作者合影

王浩先生1921年出生于山东济南，对日抗战时在西南联大修读数学。王浩先生曾对我说，他本来就对哲学非常感兴趣，但是周围的亲朋好友都认为哲学太“虚”了，为了证明他的“实”学本领，便选择数学上手，但是他心里早已打好迟早要进军哲学的主意。王浩先生强调思想一定要清楚，概念的分析应该细致彻底，他高度肯定进行这种工作的学者。印象里他好多次向我提起王国维先生早年在西方哲学下的功夫，可惜我始终不曾尝试阅读王国维的著作，不太能体会他的说法。但是他对20世纪最伟大的逻辑学家哥德尔的景仰，却让我永难忘怀。

王浩先生于20世纪50年代初，从哈佛大学名家蒯因(W. V. O. Quine，1908—2000)门下得到博士学位。蒯因当然是美国当代哲学界权倾一时的学阀，但是王浩先生由数理逻辑的精进中，日渐认识出蒯因分析哲学的疏浅，在思想的发展上终于完全脱离了师门。王浩先生来访时，有一位教授问他蒯因回忆录中曾提到他与前妻的事，我记得王浩先生当时很不高兴地说蒯因不该谈论别人的私事。因此王浩先生是不是因为还有其他不愉快的事，而与蒯因分道扬镳，我就不清楚了。

1971年10月开始，王浩先生有机会与哥德尔进行深入的对话，在哥德尔1978年1月逝世前的这段岁月里，王浩先生几乎成为哥德尔唯一的思想挚友。哥德尔一向惜墨如金，又不爱与人来往，如果不是通过王浩先生的记录与阐述，他的后期哲学思想恐怕随着哲人的物化而烟消云散。王浩先生在这个亲炙的过程中，自我转化成哥德尔的信徒，他不止一次对我说哥德尔才是他的老师。

1953年王浩先生对当时哈佛的哲学流风感觉厌倦，想在纯粹数理逻辑及哲学思考之外，做一点与实务比较接近的研究。他因此进入计算机的理论探索，他的成就影响了人工智能领域的发展。当代电子计算机的普遍性，其实并不只是电子技术的功劳，还有它背后一套深刻的理论基础的功劳。所谓的图灵计算机的理论模型（包含一个可变换有限状态并左右移动的读写器，一条无限长的有方格的纸带，有限个可写在方格上的符号)，在20世纪30年代已经揭示了计算可能性的惊人范围。1957年王浩先生再大量简化图灵计算机的运作方式，只需要四种基本的动作：向左移一格、向右移一格、涂黑一个格子、条件性地转移指令。这样描述的理论计算机仍然保有同样的威力，但是它不需要擦掉任何已经写上的符号。后来有人把王浩的模式继续转化为更接近实际电子计算机的理论模式，因此王浩先生发挥了理论进化上重要的中继角色。1958年暑假王浩先生有机会自己动手设计计算机程序，次年暑假他在贝尔实验室继续完成了一套程序，可以把怀特海与罗素著名的《数学原理》书中350多条(容许用等号的)谓词逻辑的定理，在8.4分钟内自动证明完毕。这是人工智能研究的一大突破，也是他后来得到“自动定理证明里程碑奖”的基础。

1960年，王浩先生又开始了另一个影响深远的研究课题，他发明了一套铺地砖游戏，每一块地砖是一个正方形，它的四边涂以不尽相同的颜色。涂地砖的方法只有有限种，但是每种涂法的地砖数量无限制供应。每一种类型的地砖按水平垂直的位置放好，不可以旋转方向。游戏的目标是要用这些地砖铺满整个平面，唯一的规矩是两块相邻的地砖相接的两条边涂同样的颜色。如果一组地砖类型能依规定铺满平面，就说它们是可解的。王浩先生的发现让人惊讶的是能用铺地砖问题描述图灵计算机的详细运作，使得图灵计算机在运算过程中是否能停机的问题等同于某类地砖问题是否可解。图灵计算机的停机问题是最根本的一个无法由机械方法解决的问题，因此貌似平淡的铺地砖游戏也无法由任何计算机解决。王浩先生后来还利用铺地砖游戏，证明了别的逻辑问题也无法由计算机解决。铺地砖的概念比较具体且富于变化，引发了以后许多新研究课题，譬如非循环性的铺地砖、彭罗斯（Roger Penrose，1931— ）的地砖以及近年在拟晶体上的应用。

20世纪60年代末期，王浩先生感觉在技术性数理逻辑的研究里，已经充分证明了自己在“实”学上的能力，因此逐渐回归到他少年时的最爱（哲学）的怀抱。特别是他与哥德尔的对话，更坚定了他批判西方分析哲学主流的企图。1974年他出版了《从数学到哲学》（*From Mathematics to Philosophy*）一书，标志了他在学术事业上的一大转折，自此之后他的精力主要投入哲学的思考论述上。在《从数学到哲学》这本书中，王浩先生想利用分析数学的基础概念，展现当代逻辑学的深度与广度，都远超出主流分析哲学家对逻辑的理解。虽然他们大力借助逻辑来精确化自己的哲学论述，不幸的是他们不仅没有用到逻辑的精髓，还误导了一般哲学家对逻辑真正价值的认识。王浩先生曾经告诉我，他以为《从数学到哲学》一出版必然震惊分析哲学界，会引发很大的争论。可是出乎他的意料，哲学界的反应十分冷淡。因为那本书中也忠实记述了不少哥德尔的哲学思想，所以连哥德尔本人都感觉很失望，没有足够多的人注意这本书。自此之后，王浩先生于1986年出版了《超越分析哲学：公道对待我们所知》(*Beyond Analytic Philosophy: Doing Justice to What We Know*)，于1987年出版了《反思哥德尔》(*Reflections on Kurt Gödel*)。在《反思哥德尔》的序言里，王浩先生说他把与哥德尔私下对话的很多材料从原稿中移出，作为下一本书《与哥德尔对话》的基本素材。王浩先生通过对哥德尔思想的梳理阐发工作，也同时建立了他自己的观点。

1986年9月创刊的《九州学刊》里王浩先生有一篇重要的文章《中国和西方哲学》，他在文中说："我对哥德尔关于数学及自然科学方面的看法，大体同意，所以在整理我自己的思想的任务上，我于这一方面自信较强，问题不大。可是在有关人生社会的课题上，我觉得哥德尔和我的兴趣很不一样。显然他对中国的历史和文化不及我熟悉及重视。更重要的一点是，我觉得哲学应该从人类历史文化(特别包括了近两三百年的经验)汲取养分，而他认为这些新的经验绝大部分与基本哲学无关。他觉得应该专心研究基本哲学，不要为哲学的其他方面分心。他认为一旦为基本哲学找到了确切的理论，所余的只有如何应用这一理论于各领域的非基本课题。我则以为，根据过去的经验，他所要的那种基本理论很少有圆满实现的可能，而应从全部人类经验里选取其大焉者作为出发点，建立一个合适的架构，让它们各得其所。”

由此又可见，王浩先生虽然以哥德尔为师，但是他在哲学上的企图却有更恢宏的目标。但是要知道宇宙人生的大问题，首先需清楚我们到底知道些什么，王浩先生终其一生似乎还没完成反思知识的工作，他对宇宙人生的看法已无法系统地为人所知了。王浩先生对自己的弱点也相当了解，在《九州学刊》的文章中他诚实地说：“我在中国长大又一直关心中国，却受了一番英美哲学的训练，往往觉得自己在不同领域的思想各自为政，不易关联起来。对于一个学哲学的人来说，这种分离的情形，更违背我自己的理想。当代中国有几位哲学家曾直接间接批评过我的哲学工作，认为我的工作支离破碎，东写一篇、西写一篇，未能先立乎其大焉者。多年来我也一直希望能掌握一个较全面的看法，可是因为长期养成的概念分析和步步为营的习惯，总未能做到知所取舍，化繁为简。想兼顾知识与人生，更增加了困难。看重哲学的人，说我仍是在做科学；不喜欢哲学的人，则为我不全力做科学而惋惜。”

我自己是研究数学的，但是从小对哲学有浓厚的兴趣，王浩先生的感受我心领神会。20世纪90年代我结交了一些好朋友，对认知科学的发展兴起了研究的意愿。因此从逻辑与计算的理论看人的心智功能，又成为我经常思索的课题。1993年我写了一篇《我们要关心人脑是不是计算机吗？》寄给王浩先生请他指正，他在12月8日给我回信，也是他跟我通的最后一封信里鼓励我说：“我很喜欢你思路清楚，觉得写得很好。”信中也提到自1987年访台后，一直忙于写作，一本书又分成了两本，希望不久可以写毕。[1]

王浩先生利用当代数学与逻辑的深刻与惊人的成果，批判了西方分析哲学的核心部分。但是一般西方哲学家一方面根本没有掌握数学工具的能力，另一方面恐怕也不太喜欢看到一位东方学者，胆敢挑战与动摇西方的主流思想，再加上王浩先生不属于培养门徒营造势力的教授，因此尽其一生所得的美誉并未正比于他的成就。这也影响了他在中国学人圈里的声势，甚至在吴大猷院长的支持下，都未能荣获“中研院院士”的头衔。在本章中，我无法完整勾勒出王浩先生的学术成就，但是从数学到哲学的艰难道路上，我自己作为一个能理解的旁观者，可以很公平地说，王浩先生是中国人能进军西方哲学的真正大师。

1　1996年王浩出版了《逻辑旅程：从哥德尔走向哲学》(*A Logical Journey: From Gödel to Philosophy*).

毕达哥拉斯的事迹可信吗？

9

对于任何给定的直角三角形而言，两直角边上的正方形面积的和，等于斜边上正方形的面积。这个叙述就是有名的毕达哥拉斯定理，简称毕氏定理。中国古代以勾股（或写为句股）称呼直角三角形，两相互垂直边中较短者称为勾，而较长者称为股，斜边则称为弦，所以中国人也称这个定理为勾股定理。大约公元前1世纪成书的《周髀算经》里，周公问商高："数安从出？" 商高曰："数之法出于圆方，圆出于方，方出于矩，矩出于九九八十一。故折矩，以为勾广三，股修四，径隅五。既方其外，半之一矩，环而共盘。得成三四五，两矩共长二十有五，是谓积矩。故禹之所以治天下者，此数之所生也。" 这里不仅指出边长为3，4，5的特殊直角三角形，接下去的话里也隐含了勾股定理为何如此的说明。[1]因为回答周公问题的是商高，所以在中国也有不少

1 李国伟. 论《周髀算经》"商高曰数之法出于圆方"章. 第二届科学史研讨会汇刊，台湾"中研院"，1989: 227-234. 我的见解也为下书所采纳：刘钝. 大哉言数，沈阳：辽宁教育出版社，1993: 389-390.

人把勾股定理称为商高定理。

毕氏定理有可能是世界上最为人知的一条数学定理，因此通常会理所当然地认为毕达哥拉斯（Pythagoras of Samos，约公元前570—前495）是发现甚至证明此定理的第一人。其实关于毕达哥拉斯的传闻很多，然而因为年代非常久远，大多不容易加以确认，毕氏定理的来源笼罩着一层迷雾。

基督教思想在欧洲达到统治地位之前，公元5世纪的希腊数学家普罗克鲁斯（Proclus Lycius，约411—485）可说是最后一位著名的新柏拉图学派学者。他所记载的毕达哥拉斯事迹深刻影响了后人对这位神秘人物的认识。普罗克鲁斯在公元460年的著作里，说明了直角三角形内直角两邻边的平方和，等于斜边的平方。他还说喜欢求古者把这个定理与毕达哥拉斯相关联起来，并且因这项发现而称毕氏为“以牛献祭者”。然而细读该处文字，并不能明确分辨到底是毕达哥拉斯自己的发现，还是他听到别人的发现而表示赞赏。同时也不清楚普罗克鲁斯是否认可前人的转述。更不容忽视的是，普罗克鲁斯讲这段故事时，已经是在毕达哥拉斯身后千年。故事在短期内都会发生变化，更不要说千年之间会走样到何种程度。

普罗克鲁斯讲述毕达哥拉斯事迹的取材来源很多是

抄录公元300年叙利亚哲人伊安布利霍斯（Iamblichus，约245—325）所作的传记。不过伊安布利霍斯过分赞扬毕达哥拉斯，把很多有的没的都归功于毕氏。例如他推崇毕氏所开展的天文理论，其实是后来托勒密的创见。还有一些有点奇特的事，也为毕达哥拉斯记上一笔。例如他说毕达哥拉斯不吃会产生气体的食物，并且说服一头牛也不要吃豆子。总之，是阿波罗神为了启人类于蒙昧之中，才把创造奇迹的超人毕达哥拉斯送来人间。伊安布利霍斯甚至宣称毕达哥拉斯是“有史记载之中最英俊最像神的人物”。伊安布利霍斯这种写作风格，使其可信度很受损失。此外，普罗克鲁斯并不是从伊安布利霍斯那里抄来毕达哥拉斯与直角三角形的故事，不过我们也不确知何处是他的故事来源。

如果要追溯源头的话，伊安布利霍斯的老师普菲力欧斯（Porphyry，约234—305）也写过毕达哥拉斯的传记。他把毕氏描绘得也像个神，包括毕氏有一条黄金的腿，显示跟阿波罗神相关联。普菲力欧斯提到三角形与牛的事迹，但是他说作为贡品献祭的是面制的牛，所以毕达哥拉斯可能根本没杀过牛。再往前回溯至最早出现毕氏与牛的故事，大约在公元前45年，罗马政治家西塞罗（Marcus Tullius Cicero，公元前106—前43）曾说：“毕达哥拉斯发现某种几何新知以后，向缪斯女神奉献一头牛作祭品。但是我不相信这种说法，因为他不愿意在祭坛上沾血，甚至祭祀阿波罗神时都不奉献动物。”在毕达哥拉斯死后450年，这个最早出现他与牛的记录里，西塞罗既没有说与直角三角形的定理相关，更否定宰杀牛的可能性。然而现代的作者经常还是会说，根据西塞罗的著作，毕达哥拉斯发现毕氏定理并且因而献祭一头牛。其实从毕达哥拉斯逝世到西塞罗的400年间，没有任何证据显示毕达哥拉斯发现、证明甚至赞扬过任何几何定理。

毕氏定理既然是一个突出的几何定理，我们应该看看它在数学家的笔下是怎么呈现的。例如在阿波罗尼（Apollonius of Perga，公元前262—前190）现存著作里，没有提过毕达哥拉斯有任何几何方面的创作。公元前225年左右，伟大的数学家阿基米德曾对几何的发展史有所发言，也没有说毕达哥拉斯曾经有任何贡献。较早在公元前300年左右欧几里得将古希腊的几何知识，都写入了13卷的《几何原本》。虽然书中提供了两个不同的毕氏定理证明，却没有附加毕达哥拉斯或任何数学家的名号。另外像柏拉图或亚里士多德虽然触及毕达哥拉斯或其学派的一些事迹，也从未谈到他发现什么几何定理。总而言之，经过严密的检视，毕氏定理其实跟毕达哥拉斯没什么关系。著名数学史家诺伊格包尔（Otto Neugebauer，1899—1990）就曾经说毕达哥拉斯发现毕氏定理的故事，“因为不是信史，理应完全扬弃。”

另外还有不可公度比的发现，在数学史上也经常跟毕达哥拉斯的名字联系在一起，虽然前面已经说过没有明确的证据显示毕达哥拉斯本人在数学上有所建树。但是围绕着他有一批跟随者，他们形成了一个颇具秘密性的团体。在这些仰慕毕达哥拉斯的人们中，似乎不乏对数目感兴趣的。然而，他们关心数目的问题，不一定具有数学价值。柏拉图批评他们分析各种弦长之间产生和谐声音的数值，却不直接研究数本身的关系。亚里士多德则不止一次批评所谓的“毕氏学派”认为实体的东西都是由数所组成的。不过需要注意的是，现存文献里找不到任何主张“万物皆数”的直接证据。

古希腊人关心的数其实只局限于正整数1, 2, 3, ⋯ ，以及这些数之间的比例关系。因此之故，产生了涉及毕氏学派的一项重要传说。依照当代相当有影响力的克莱因（Morris Kline，1908—1992）皇皇巨著《古今数学思想》的说法：“后人把不可公度比的发现归功于米太旁登（Metapontum）的希帕索斯（Hippasus，约公元前500）。相传当时毕达哥拉斯学派的人正在海上，就因为这一发现把希帕索斯投到海里，因为他在宇宙间搞出这样一个东西，否定了毕达哥拉斯学派的信条：宇宙间的一切现象都能归结为整数或整数之比。”[1]

1 Morris Kline. Mathematical Thought from Ancient to Modern Times. Vol. 1. NewYork:Oxford University Press, 1972: 32. 中译采自：克莱因.古今数学思想：第一册.张理京，张锦炎，江泽涵，等，译。上海：上海科学技术出版社，2014.

在一些通俗的数学书籍里，这段传说不时会被夸大而产生扭曲。例如辛格(Simon Singh, 1964—)的畅销科普书《费马大定理》(*Fermat's Last Theorem*)里说，是毕达哥拉斯本人判决希帕索斯该被淹死。作者还夸张地说："毕达哥拉斯否认无理数的存在是他最可耻的行为，也可能是希腊数学的最惨悲剧。"其实在古希腊人的认识中，不可公度比仅仅是整数间的关系，根本无今日所谓"无理数"的概念。另外一类失真的说法是把不可公度比的发现归功于毕达哥拉斯本人。例如侯世达(Douglas Hofstadter, 1945—)在他获得普利策奖的《哥德尔、艾舍尔、巴赫——集异璧之大成》(*Gödel, Escher, Bach: An Eternal Golden Braid*)书中，不止一次说毕达哥拉斯最先证明了2的平方根不是任何两个整数的比。

就像前面讲的毕氏定理一样，传说会随着时间而添油加醋。如果回溯到公元340年，亚历山大城的帕波斯(Pappus of Alexandria)在注解欧几里得《几何原本》时，曾提及不可公度比的发现，可是他认为整个故事只是一个寓言而非史实，主要作用在强调有必要隐藏这个发现。同时他认为发现者虽然死于溺水，但却不是被判刑的结果。更要紧的是他没有说到希帕索斯这个名字。再向早一些回溯，在前面提过的伊安布利霍斯的著作中曾说，毕氏学派里的任何发现，都把功劳归于毕达哥拉斯。发现不可公度比的人并没有死在海上，而是其他毕氏学派人士极度排斥他，甚至替他立了一个墓碑，好似他已从学派中死去一样。至于希帕索斯这个人，伊安布利霍斯说他发现的是正12面体能内接在球体里，并且他是因为对神明不敬而死于海上，并没有遭受判决。

虽然到底是谁发现了不可公度比缺乏信史的记载，不过发现的时间肯定早于公元前360年，因为柏拉图于他的某个对话录里谈到了不可公度比。亚里士多德提供了一种思考不可公度比的方法，但有可能并不是最原始的发现途径。他为了针对归谬法举例，相当简略地说正方形的对角线无法与边长公度量（也就是说无法找到适当的单位，使得两者均为该单位的整倍数），理由是如果可以公度，则其数会等于偶数。这个思路在后来欧几里得《几何原本》里得到了完整的推广。假设正方形的边长是1，根据毕氏定理可知对角线长为$\sqrt{2}$。所谓归谬法就是先假设能找到适当的新单位来度量，使得$\sqrt{2}$ 与1的比恰等于在新单位里某个a与b的比。我们还可以进一步假设，a与b之间已经没有公因数了。因为如果有的话，可以先把公因数约分消去。现在$\sqrt{2}=\frac{a}{b}$，紧接着把等式两边平方后转化为$a^2=2b^2$。这样就显示出a必然是个偶数，因为它的平方是个偶数（b^2的2倍）。那么我们

便可以把 a 写成 $a=2k$，其中 k 是某个适当的数。再将此式代回 $\sqrt{2}=\frac{a}{b}$，就得到 $2=\frac{(2k)^2}{b^2}$，也就是 $b^2=2k^2$，所以 b 也是偶数。这么一来 a 与 b 都是偶数，它们会有公因数 2，便与一开始假设 a 与 b 之间已经没有公因数矛盾。这个矛盾的源头是假设 $\sqrt{2}$ 是两个整数的比，所以 $\sqrt{2}$ 必然是一个不可公度比的量了。

总结来说，以上检讨了最为人知的毕达哥拉斯涉及数学的两个故事，其实都不能算是真正的历史。不过也不必把故事就此扬弃，一方面在数学史上张冠李戴的例子并不少见，另一方面能长远流传的故事，总也内涵了一些可吸取教训的因素，就让后人永志不忘吧！

未获科学史恰当评价的开普勒

1630年11月2日，开普勒(Johannes Kepler，1571—1630)在严寒的冬季里，经过漫长的马背上的颠簸，终于到达了目的地里根斯堡(Regensburg)。他准备在11月5日与来自林茨(Linz)的官方代表碰面，以便兑现政府偿还他薪资的债券。但是才过了几天，开普勒就因为旅途的消耗，身体与精神状况都坠入谷底，又因随之而来的感冒而高烧不退。开普勒本来就不是硬朗的人，往常也不时会发热、打摆子与极度倦怠。只是这次他却再也熬不过病魔的折磨，于11月15日咽下了最后一口气。

当时正好有一个重要的会议在里根斯堡举行，所以不少参会的有头有脸的人都出席了他的葬礼，他们把开普勒安葬在城里的圣彼得墓园。两年之后，在一次新、旧教徒的战斗中，骑兵横扫过墓园，捣毁了开普勒的墓碑。时至今日，已经没有人确知开普勒棺椁所埋葬的地点。

2004年出版过一本精彩的开普勒传记的康诺(James Connor)[1]，在传记最后叙述了他去探访开普勒纪念像的经过。从前圣彼得墓园所在的地区，现在是一座公园。开普勒的半身像安放在由八根柱子撑起的圆顶亭子内，亭外环绕着榆树与松树。他的眼睛被人抹黑，看上去颇像位巫师。石像周遭乱丢了些啤酒罐与香烟头，宛如最近又有乱军在此扎过营。柱子上歪七扭八地写着:“弗莱堡反政治人民党”，以及“永远不忘反抗军的白玫瑰”!

这种场景也许可在某种程度上捕捉到开普勒的历史形象，一位准备通过对天体的认识来彰显上帝智慧的学者，却在宗教战争的洪流里难以掌握自己的命运，最后甚至被自己坚定拥护的路德教会扫地出门。他的科学成就贯彻了哥白尼的日心说，并且为牛顿万有引力定律的发现铺好了道路。然而令人诧异的是，在美国华盛顿的国家航空航天博物馆中，却几乎没有关于开普勒功绩的展示。

在开普勒的成就中，最为人熟知的是行星运动的三条定律。其实他在很广泛的领域里都有卓越的创见，可以略举如下:

在《天文学的光学须知》(*Astronomia Pars Optica*)一书中，开普勒首先研究了针孔成像的原理，解释了光折射

1 James Connor. Kepler's Witch: An Astronomer's Discovery of Cosmic Order Amid Religious War, Political Intrigue, and the Heresy Trial of His Mother. New York: Harper Collins, 2004.

在眼球里产生视觉的过程，设计了矫正近视与远视的眼镜，也解释了双眼产生深度知觉的理由。

在《屈光学》(*Dioptrice*)一书中，开普勒首先描述了实像、虚像、直立像、倒立像与放大等现象，解释了望远镜的原理，发现并描述了全反射现象。

在《量测酒桶体积新法》(*Stereometrica Doliorum*)小册子中，开普勒发展了计算不规则立体体积的方法，可算是积分学的先河。

开普勒首先主张月亮是引发潮汐的源头。

开普勒首先利用地球轨道引起的恒星视差来测量恒星与地球之间的距离。

在《新天文学》(*Astronomia Nova*)一书中，开普勒推测太阳会绕自己的轴旋转。

开普勒所推算的耶稣基督诞生年代，现在仍然为大家所接受。

开普勒提出过在三维空间里最紧密堆积球体的猜想，直到1998年才获得证明。

然而开普勒在科学史上所占据的地位，看起来似乎比他实质的贡献来得略轻。譬如拿伽利略(Galileo Galilei，1564—1642)跟他比一比，伽利略较他早生7年，晚逝12年。当伟大的裸视天文学家第谷(Tycho Brahe，1546—1601)

过世后，开普勒与伽利略就成为那个时代里最重要的天文学家。开普勒是新教徒，而伽利略是天主教徒，也许因为当时新、旧教间的尖锐矛盾，致使他们彼此虽然有联系，不过关系并不紧密。他们两人都受过宗教的迫害，也都深刻地影响了科学世界。伽利略在科学史上往往被塑造成殉道者，开普勒却常常被轻描淡写地带过。造成这种现象最可能的原因是开普勒从来不愿意把自己的科学研究与形而上思考分开，也不忌讳自己的形而上思考与宗教神秘主义的牵连。

在后世塑造的科学史中，伽利略与紧接其后的牛顿是奠定科学方法的巨人。他们从经验的证据出发，避开各种形而上的玄思，纯粹运用逻辑的推理与数学的演算，达到追求科学真理的高峰。因为开普勒的形象很难安插在这种架构里，所以对他的评价也自然会跟着打折扣。

上述科学史观的形成，其实与牛顿的影响相当有关系。开普勒为牛顿的光学奠定好了基础，也把牛顿引领到发现万有引力的门槛。开普勒更为牛顿发明微积分铺妥前进的道路，这一点是另一位微积分的发明人莱布尼茨都不否认的。但是拥有庞大自我意识的牛顿，以及帮他制造声势的一批英格兰与苏格兰的科学家，都绝口不谈开普勒的贡献与影响。在替牛顿“造神”的过程中，开普勒的行星运动定律便只能当作万有引力定律的脚注，而不再是开创新思维的先驱了。

最近数十年间因为原始文件公开量的增加，伽利略与牛顿的真实面貌愈加清晰起来。我们认识到伽利略并没有怀抱革命意识与天主教对着干，而牛顿消耗了大量岁月沉浸在炼丹术、圣经年代学以及其他神秘学问的探索上。当科学史的描绘更贴近充满人性的实际景况时，我们才会正确认识到，开普勒秉持形而上思维去推动科学进展并非异端，而他对于行星运动的研究，确实有划时代的革命性贡献。

2012年7月31日作者在捷克布拉格开普勒故居（左）
及中庭纪念雕塑（右）

孔多塞说:“来搞点社会数学吧!”

1794年,罗伯斯庇尔(Maximilien de Robespierre,1758—1794)领导的雅各宾派(Jacobin Club)正以恐怖手段主导法国大革命的进行。3月27日有位衣衫不整、形色仓皇的中年男子,走进巴黎西南方的乡村旅店。三天前该男子从藏身的地方溜出巴黎,想投奔乡间友人却未被收留。他在村外树林里露宿,终于饥肠辘辘,忍不住走进旅店想吃煎蛋卷。老板问他蛋卷里要几颗蛋,“12颗。”又问他干哪一行的,“木匠。”老板顿时起了疑心,因为男子的手有些柔细,而且匠人也不会奢侈地一口气点12颗蛋。老板向他索取通行证件,而他却没有,于是一伙村民把他绑起来押往官厅。男子一路上遭受吆喝驱赶,好几次晕厥过去。抵达目的地后,他被推进一间阴湿低矮的牢房。1794年3月29日下午四点狱卒发现男子趴在地上吐血死去,他到底是死于卒中、心脏衰竭、还是服毒？当时无人关心，后世也没有定论。因为他的遗骨在19世纪就下落不明了，法国政府只好于1989年将镌刻他名字的空棺奉入先贤祠(Pantheon)。

这位最终跻身伏尔泰(Voltaire，1694—1778)、卢梭(Jean-Jacques Rousseau，1712—1778)之列的法国先贤，就是孔多塞侯爵(Marquis de Condorcet，1743—1794)。把他推向死亡道路的乡民们，肯定毫无概念他们摧残了将数学引入人类社会行为研究的先锋。1972年诺贝尔经济学奖得主阿罗(Kenneth Arrow，1921—2017)曾经这样赞扬孔多塞："他在许多方面都有力地影响了现代思想，只不过直到相当晚近，他在政治理论上的角色才开始为人所赞扬。他对于社会选择(social choice)的分析，远远超越任何之前的学者，而且提出几乎所有至今仍在探索的问题。"

孔多塞的伯父是位主教，曾将幼年的他送去耶稣会办的学校就读。虽然耶稣会办的学校水平很高，但是以背诵为主又经常体罚的教育方式，再加上修士与学生中不乏同性恋的存在，使得孔多塞终生都对教会极度反感。孔多塞在学校展现出优异的天赋，16岁被送去巴黎的学院继续深造。在那里他开始喜爱上数学，并且遇到人生中第一位贵人达朗贝尔(Jean le Rond d'Alembert，1717—1783)。

达朗贝尔是启蒙时代法国的代表性人物，与哲学家狄德罗（Dini Diderot，1713—1784）共同编纂《百科全书》，产生非常广泛的影响。他在数学方面做出的重要贡献，包括极限的定义、级数收敛与发散的区别、偏微分方程、概率特别是动力学。虽然他也受过教会学校的教育，但是他以唯物思想为主轴，坚持科学研究而反对宗教，以致在他过世时巴黎市政府拒绝为他举行葬礼。达朗贝尔原是一位贵妇的弃婴，童年过得并不愉快，因此特别关爱失去父爱的少年孔多塞。虽然孔多塞腼腆拘谨又不善言辞，达朗贝尔还是乐于带他参与巴黎文化人交流的沙龙[1]。也许正是在达朗贝尔的熏陶下，自由人权的思想在他的心中产生了不可磨灭的影响。

经过几番努力之后，孔多塞在22岁发表了第一篇受人肯定的数学论著，从而开始了他的数学生涯。1769年2月25日，经达朗贝尔的荐举，他成为科学院的成员。他持续发表研究成果，在1772年完成一部积分学的著作，大数学家拉格朗日（Joseph-Louis Lagrange，1736—1813）赞扬该书："充满了极度优美与内涵丰富的想法，足够发挥成好几大卷。"

1774年，法王路易十六任命杜尔哥（Anne Robert Jacques Turgot，1727—1781）担任财政大臣，他主张改革赋税、废除徭役、通畅货流，实行比较宽松的经济政策。杜尔哥请孔多塞出任造币局总监，使得孔多塞的生活重点从关注数学研究，扩充到哲学以及政治事务上。杜尔哥的经济

1 沙龙是十七八世纪法国流行的在富裕宅邸的聚会方式，经常有名媛主持，谈论各种文化话题。

改革不可避免地会损伤贵族的既得利益，他们撺掇玛丽·安东妮皇后(Marie Antoinette，1755—1793)向国王进谗言，两年后就把杜尔哥赶下了台。不过孔多塞并未丧失国王的信赖，他继续稳坐总监位子到1791年。

从1777年到1793年，孔多塞挑起科学院秘书长的重担，一项主要工作就是替过世院士撰写正式悼词。他的文辞优美，表扬功绩又非常恳切，从而以其文学的造诣于1782年获选入法兰西学院，这是给文人的最高荣誉。此时身兼科学院秘书长以及法兰西学院院士，孔多塞的声名达到顶峰。他成为法国最具影响力的知识分子之一，以启蒙运动旗手的姿态，热情宣扬自由主义的思想。他主张废除奴隶制度、各民族平等、宽容新教徒与犹太人、经济自由、法律革新、公共教育，更非常先进地鼓吹提升妇女权利，特别强调女性也有不亚于男性的理性思维能力。

使用数学方法研究概率起始于1654年帕斯卡(Blaise Pascal，1623—1662)与费马(Pierre de Fermat，1601—1665)的通信，他们讨论未完成赌局如何公平分配赌金的问题。概率论除了是一种数学计算的科学之外，在做辅助判断方面也有实际需求。自文艺复兴时代起，航海与贸易兴盛，涉及契约、保险、年金、利息等问题，都对于商业活动至关紧要，于是针对可能状况的估算，就不仅仅是一种哲学论辩了。到了启蒙时代，数学家对于概率规则是否正确，要看是否与“合理性的人”的判断相符。然而怎么样才算“合理性”，却见仁见智。

“人应该如何做判断”的问题，不仅会影响商业契约的制定，也在司法判决上发挥重要作用。法庭审理过程是否恰当，很大程度上仰仗证词是否正确，然而证词都无可避免地具有不确定性。18世纪概率论的一类典型问题，就是研究如何从不准确的信息里，推导出正确的结论。例如1713年雅各布·伯努利（Jakob Bernoulli，1654—1705）在《猜度术》（*Ars Conjectandi*）里，就曾论及把概率分为事件本身的“内在”概率，以及人为证词的“外在”概率。达朗贝尔也曾依据概率的高低，把证据分出层次。这种区分法不仅在司法上有用，而且在自然科学的研究上也有相当的帮助。因此启蒙时期的概率论发展，同时对人的法则与自然的法则都有贡献。用数学方法极大化获取正确判决的概率，是18世纪60年代开始的新观念。被尊为古典犯罪学创始人与现代刑法学之父的贝加利亚（Cesare Beccaria，1738—1794）曾说：“要想获得数学般的精准性，我们必须把政治的计算，改换为概率的计算。”只不过贝加利亚并没有亲自动手计算概率，这项工作有待孔多塞来推进。

1785年孔多塞发表了他的重要著作《论以分析学应用于多数决之概率》（*Essai sur l'Application de l'Analyse à la Probabilité des Décisions Rendues à la Pluralité des Voix*)[1]，在序言里他肯定了杜尔哥的信念："道德科学与政治科学可以达到物理科学系统的确定性，甚至可以像物理科学里的天文学那类学科，会达到接近数学般的确定性。"这本书想要解决的问题是："在什么条件之下，集会或法庭多数决定的正确性，足以高到让群体里其他人有义务接受他们的决定？"换句话说："该如何用数学极大化正确判决的概率，使得从数学观点来看会对公民有利？"如果这个问题得到满意的解决，那么公民接受多数决定的理由，并不单纯因为那是多数的意志，而是经过数学推算获取的最大公义。孔多塞把他的这套思想称为"社会数学"（social mathematics）。这种社会数学与今日所谓的社会科学旨趣有所不同，它所讨论的是社会现象的应然而非实然的问题。虽然有如此的区别，还是可以推崇孔多塞为社会科学的先锋。

孔多塞在书中论证出一项重要结果，通常称为"孔多塞陪审定理"（Condorcet jury theorem）。这个定理的意义用平常的话来说，就是多数人合起来的智慧会高于个别的智慧。再进一步可说明如下：若有一群人组成陪审团，针对某项证词陪审员要判断是真实的还是虚伪的。如果陪审员不用头脑考虑，而是纯粹瞎猜，那么猜对的概率也有二分之一。假设所有陪审员都用心思考了，而且每位做出正确判断

1　此书在孔多塞身后的1805年出版第二版，内容增加甚多，书名改为*Éléments du Calcul des Probabilités, et son Application aux Jeux de Hasard, à la Loterie et aux Jugements des Hommes.*

的概率都是相同的p且$1>p>\frac{1}{2}$，同时也假设陪审员没有相互影响，做出独立判断。我们先看一个简单例子，假设只有三位陪审员a，b，c，那么单人做出正确判断的概率便是p。多数判断正确的情形有四种：a，b正确c错误；b，c正确a错误；a，c正确b错误；a，b，c都正确。若判断正确的概率为p，则判断错误的概率为$1-p$。所以前三种情形出现的概率各为$p^2(1-p)$，最后一种出现的概率为p^3，加起来便是$3p^2(1-p)+p^3$。把这个概率与单人做出正确判断的概率p来比，也就是求其差：

$$3p^2(1-p)+p^3-p=-p(2p^2-3p-1)=p(2p-1)(1-p)>0。$$

结论是在三人陪审团的情形下，得到正确判断的概率，会高过单人做出正确判断的概率。其实在相同的假设条件下，陪审员的人数愈多做出正确判断的概率愈高。这些推论构成了“孔多塞陪审定理”的两项主要内容：

1. 多数人做出正确判断的概率大于任何个人做出正确判断的概率。

2. 随着陪审员人数的增加，多数陪审员做出正确判断的概率会趋近1。

下图的横轴表示陪审员的人数，纵轴表示多数决定得到正确判断的概率，所设定的概率$p=0.6$，可看出函数曲线逐渐接近高度为1的水平线。

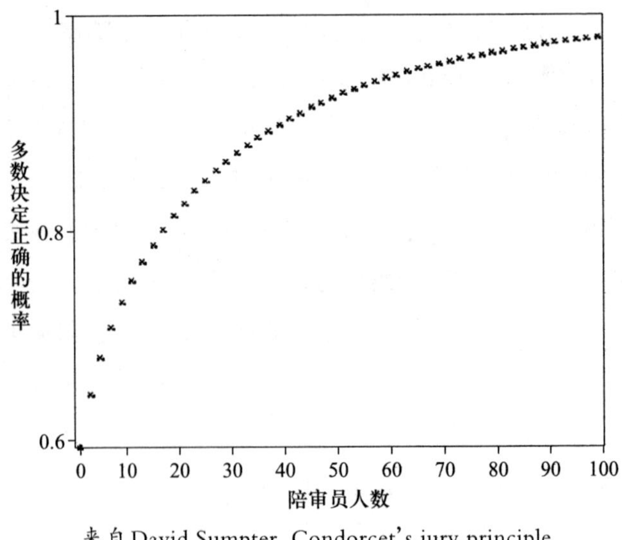

来自 David Sumpter, Condorcet's jury principle

孔多塞陪审定理的预设条件其实非常理想化，真实群体中各人的聪明才智与知识背景不尽相同，做出正确判断的概率很少会完全相等。各人之间有可能交流看法与意见，因此假设他们的概率彼此独立也不现实。那么为什么后人仍然认为孔多塞的贡献相当重要呢？那是因为他引进一个新的知识论域，试图以精确的数学方法研究看似难有常规的人类行为。虽然这种结果不可能马上完全解释所观察的现象，但至少是第一阶段的逼近，对于未来发展的方向以及得以运用的模式，会产生相当大的启示作用。尤其孔多塞的社会数学所运用的主要工具是概率论，就绝对具有开创性了。孔多塞的数学技巧虽然不算很高超，但是他引领的这个方向，在数学史上重量级人物拉普拉斯（Pierre-Simon Laplace，1749—1827）手上得到细致的发挥。拉普拉斯比孔多塞年轻，也曾受教于达朗贝尔，1812年出版了《概率的分析理论》（*Théorie Analytique des Probabilités*）一书，总结了当时概率论的研究，包括在选举、审判、调查等方面的研究成果。

孔多塞陪审定理里的每位陪审员只针对两个选项——"真实"或"虚伪"——做出选择，也可以看作把这两个选项排出优先级，所选择的当第一名，没选择的当第二名。孔多塞很自然会考虑当选项不止两个时，多数决是否妥善的问题。现在从最简单的情形来看，假如有三人：甲、乙、丙，选项也有三个：A，B，C。假设各人心目中喜好的顺序如下：甲喜爱A胜于B、喜爱B又胜于C；乙喜爱B胜于C、喜爱C又胜于A；丙喜爱C胜于A、喜爱A又胜于B。在下面这张表中，针对每个人由上而下地列出他的偏好顺序。

甲	乙	丙
A	B	C
B	C	A
C	A	B

现在有了每个人的排名，问题是该如何把A，B，C排序最贴近共同的意愿？单纯的想法还是采用多数决定。先拿A与B这一对来看，甲与丙认为A优于B，只有乙认为B优于A，所以多数主张A应该排在B前面。再拿B与C这一对来看，甲与乙认为B优于C，只有丙认为C优于B，所以多数主张B应该排在C前面。看来A应该排在B前面，B应该排在C前面，所以第一名是A、第二名是B、第三名是C。如果只要推选一名出来，好像多数决定应该选出A。但是且慢，再拿C与A这一对来看，乙与丙认为C优于A，只有甲认为A优于C，所以多数主张C应该排在A前面。多数决定所得结果是：A优于B、B优于C、C优于A，如此就落入一个循环圈：A，B，C，A，B，C，A，…… 到底谁能代表公共意见的第一名呢？

我们原来的直觉是多数决定可以反映民主的选择，也就是得以从个别偏好顺序中，合理组织出一种排序，最能代表公共的意志。不巧的是上面这个简单例子告诉我们，在特殊的状况下，两两比较采用多数决定会产生循环圈，无法用来反映合理的公共选择。这个现象称为孔多塞悖论（Condorcet paradox）。严格来讲所谓“悖论”是某个命题经过正确的逻辑推理，结果会跟它的否定命题逻辑等价。孔多塞悖论并不是这种逻辑意义上的悖论，它只是跟直觉的推想有出入，会令人大感吃惊，所以借用了“悖论”这种称呼。

如果把上面的例子看成投票行为，每位选民心中都有自己对候选人的喜好排序，一种投票制度便是从这些个别的顺序中挑出合理的当选人。现在假设A，B，C并不知道有造成循环圈的可能性，而主持投票的人意图操控两两评比投票结果。他可以先拿A与B比，再拿B与C比，因为A优于B而且B优于C，他便宣称A是第一名当选。其实我们知道使用类似的操作，主持人爱叫谁当选谁就当选，也就是说这种制度难以避免操控的可能性。

在现代生活中，要从众多人的偏好中安排出一个具代表性的公共偏好顺序，是经常会发生的事。不仅投票选举是一项明显的例子，就是在网络世界里，很多幕后搜集使用者喜爱的程度，再到幕前展现出一定的样貌，都是所谓社会选择的例证。如何避免循环选择，如何避免有心操作，就不光是学术性的问题了，它们以及进一步各种变化的问题，都具有相当的现实意义。孔多塞开创的投票行为研究，在很长时间内并没有受到关注。直到阿罗的名著《社会选择与个体价值》(*Social Choice and Individual Values*)用公理法设定选择应该遵循的合理条件，进而推导出居然任何制度都不能满足所有公理，产生了极负盛名的“阿罗不可能性定理”(Arrow's impossibility theorem)，使得相关的探讨才大量而快速地增长起来，孔多塞心目里的“社会数学”在现代真正得到新生命。

孔多塞作为一位启蒙哲学家，即使在革命的狂潮里，仍然不放弃教育群众理性的重要性。虽然精英分子对于政治或社会的设计有先见之明，但是必须通过理性而非强制的手段，让群众做出裁决。孔多塞相信最后群众与精英会殊途同归，采取最合理的安排。1793年，孔多塞在避难躲藏之前，仓促发表了未尽完成的著作《为应用至物理与道德科学所定学科目录表》（*Tableau Général de la Science qui a pour Objet l'Application du Calcul aux Sciences Physiques et Morales*），勾勒出他所谓的“社会数学”应该包括的内容：关于社会现象的统计描述、受重农学派（physiocracy）启发的政治经济理论以及有关智识运作的组合理论。1785年他对投票程序的概率分析，就与最后那项有关。孔多塞坚信社会数学“只能由透彻研究过社会科学的数学家来发展”，但是成果却要与群众共享。“能够用单纯且初等的方式来处理，懂一些初等数学以及计算的人就不难掌握。……在此展现的是一种普通与日常的学科，而非保留给极少高手的秘术。”孔多塞其实开启了社会科学的民主化。

在法国大革命1789年爆发时，启蒙的代表性人物只有孔多塞还健在。他热情拥抱革命潮流，积极投身政治活动，甚至担任立宪议会的秘书。其实孔多塞为人拘谨又容易害羞，讲话快速且音量不大，在喧嚣的革命政治集会上，不太能够抓住大众的注意力。他对头脑不够清明、思想反应迟钝的人又缺乏足够的耐心。杜尔哥早说过他有时简直像“一只愤怒的羊”。1793年，孔多塞参与了新宪法的草拟，但是他所亲近的吉伦特派（Girondist）丧失了对议会的控制，被激进的雅各宾派夺取了领导权。孔多塞虽然赞成共和体制，但是反对把国王送上断头台。他坚决主张自己起草的宪法版本包含了进步思想，不支持雅各宾派主导通过的共和宪法。这些违逆革命狂流的主张，导致政府宣布孔多塞是违法分子，他因此躲藏到一位维内夫人（Madame Vernet）出租的居所。不久之后吉伦特派的重要人物纷纷上了断头台，孔多塞恐怕连累维内夫人而准备逃亡，但是维内夫人说：“国民公会虽然有权力判决人非法，但没有权力判决人道非法。先生，请你继续留在这里。”在避难期间，孔多塞写了一本《人类精神进步史表纲要》（*Esquisse d'un Tableau Historique des Progrès de l'Esprit Humain*）。在这本纲要里他主张自然科学与社会科学的发展会不断提升个人的自由、物质的丰盛，以及道德上的恻隐之心。充分发挥了启蒙时代的进步思想观，这可能是他留给人类最重要的精神遗产。

1786年，孔多塞与小他二十多岁的苏菲·格鲁琪(Sophie de Grouchy，1764—1822)结婚，据说苏菲是巴黎的第一美人，也是秀外慧中的才女。夫妻俩志同道合十分幸福美满，苏菲主持的沙龙活动非常受知识分子欢迎，她还翻译了亚当·斯密(Adam Smith，1723—1790)的《道德情操论》(*The Theory of Moral Sentiments*)。当孔多塞遭通缉潜逃之后，为了避免连带遭殃，苏菲跟孔多塞协议离了婚。孔多塞亡故之后，苏菲从狱中获释，已经一贫如洗，靠着绘制肖像的本领营生，养活自己与年幼的女儿。苏菲对未来理性世界的憧憬虽然被革命所打碎，但她从没有放弃与丈夫共享的自由原则与人道关怀。1801年到1804年之间，苏菲与友人一起编辑出版了21卷孔多塞的全集，使孔多塞的思想全貌有机会长存人世。

数学文化览胜集——人物篇

图书在版编目(CIP)数据

数学文化览胜集. 人物篇 / 李国伟著. -- 北京 : 高等教育出版社, 2024.3
ISBN 978-7-04-061785-6

Ⅰ. ①数… Ⅱ. ①李… Ⅲ. ①数学-文化②数学家-生平事迹-世界 Ⅳ. ①01-05②K816.11

中国国家版本馆CIP数据核字(2024)第020231号

物 料 号 61785-00

SHUXUE WENHUA LAN SHENG JI: RENWU PIAN

出版发行 高等教育出版社
社 址 北京市西城区德外大街4号
邮政编码 100120
印 刷 鸿博昊天科技有限公司
开 本 850mm×1168mm 1/32
印 张 4
字 数 64千字
购书热线 010-58581118
咨询电话 400-810-0598
网 址 http://www.hep.edu.cn
http://www.hep.com.cn
网上订购 http://www.hepmall.com.cn
http://www.hepmall.com
http://www.hepmall.cn
版 次 2024年3月第1版
印 次 2024年3月第1次印刷
定 价 29.00元

策划编辑 吴晓丽
责任编辑 吴晓丽
封面设计 王 洋
版式设计 王艳红
责任校对 高 歌
责任印制 耿 轩